# 懂选择的女人更幸福

水湄物语　著

北方妇女儿童出版社

·长春·

**图书在版编目（ＣＩＰ）数据**

懂选择的女人更幸福/水湄物语著 . -- 长春：北
方妇女儿童出版社，2019.3

ISBN 978-7-5585-1563-7

Ⅰ.①懂… Ⅱ.①水… Ⅲ.①散文集－中国－当代
Ⅳ.① I267

中国版本图书馆 CIP 数据核字 (2019) 第 036211 号

# 懂选择的女人更幸福

DONG XUANZE DE NVREN GENG XINGFU

出 版 人　刘　刚
策　　划　师晓晖
责任编辑　石晓磊

开　　本　700mm×970mm　1/16
印　　张　15
字　　数　300 千字
印　　刷　北京荣泰印刷有限公司
版　　次　2019 年 3 月第 1 版
印　　次　2019 年 3 月第 1 次印刷

出　　版　北方妇女儿童出版社
发　　行　北方妇女儿童出版社
地　　址　长春市人民大街 4646 号　邮编 130021
电　　话　总编办 0431–85644803

定　　价　42.00 元

这个女人，绝不简单

第一次知道水湄有了双胞胎的时候，我都惊呆了，因为她还有一个大儿子。这就是说，她是我身边第一个，有三个孩子的妈妈！

我料想她未来的生活一定会很混乱，三个孩子都相差不大，一起闹起来，可不是一家人能撑得住的。

果不其然，她开始半夜回复我的信息，半夜给我留言谈合作细节。早晨起来我问她，大半夜的不睡觉吗？

她说："半夜给两个孩子喂奶，顺便办办公。"

你看，这就是我跟水湄的差别，也是她今天成为我身边最有钱的人之一的原因。

我跟水湄见面不超过三次，但每次聊天，我们都有说不完的话。我们之间从来不吹牛，也不假惺惺地互相揣测对方是不是过得比自己好。相反，每次见面我们都像很熟的老朋友，聊聊孩子，谈谈挣钱，想想合作。她很真诚，真诚到第一次见面，就忍不住想要彻夜长谈。

虽然经常跟水湄插科打诨，但心底是很佩服这个女人的。不是因为她有钱（毕竟我仇富），而是她身上的每一分品质，都会让你觉得她就应该是个有钱人，否则天理不容。

水湄喜欢钱，她喜欢用自己的才华赚钱的过程，但她并不物质。她不穿金戴银，我也很少见她买奢侈品，甚至于她很节俭，两个双胞胎女儿都穿别家孩子的旧衣服，也没有满屋子玩具，她自己也是这样，简单平和温润如玉。但一开口，你会被她的平和、睿智、聪慧、眼界所吸引。而她的孩子，懂事、善良、友好、温暖。你能想到的精英家庭的所有美好，她都有。

水湄眼界很宽广，重视人才，从不为眼前利益斤斤计较。她和自己的员工，出差能坐火车绝不坐飞机，能不外地过夜就连夜赶回上海。但是对于人才，对于合作，对于对业务有利的知识资源，她非常舍得，也成就了长投的今天。每一次与长投的合作，我都非常感叹这一点。一个领导人的眼界就是整个公司的未来，因此今天的长投拿到了一个亿的 A 轮融资，我一点都不惊奇，因为有水湄在，就应该这么棒！

水湄的教育理念很特别，注定她的孩子也会成为跟她一样的人。作为三个孩子的妈妈，很多人觉得一定会压力很大，特别是教育压力。随便几个补习班，三个孩子一年能花掉几十万元。但是水湄不一样，她给每个孩子报一个他们自己喜欢的班，回来之后教另外两个孩子。如果想继续学，就要好好教。这一招太厉害了，不仅鼓励了孩子认真学，学会高质量表达，还省了钱、精力和时间。这可能是一件很小的事，但从这件事中能看到水湄的思维方式，比起我们，精巧又一举好几得，真是太有才了！

我一直认为，一个人的成功绝不仅仅是运气，也不仅仅是勤奋和努力，而是思维方式。只有正确的思维方式，才能让人拥有长久的成功，而水湄就是这样的人。从一家机关单位公务员，到理财学校的创始人，再到如今的事业家庭双丰收，看上去她跟你邻家的姐姐没什么区别。但你若与她相识，见证了她的眼界，学识，做事，为人，会让你觉得，她是个隐秘的高手。

我不是一个容易钦佩别人的人，换句话说，我高冷，傲娇，没什么服气的人，但水湄是我这些年一直喜欢且钦佩的人，也是我少有的不怎么见面，但见面就如同老朋友一样谈得来的人。无论是作为创业者，还是作为投资者，作为老板，作为母亲，作为朋友，她都是个值得我学习、研究和钦佩的人。

对了，我们也经常"互掐"。我们上一次见面，是在上海，她请我吃小龙虾。给我点了三大盆，她回家哄孩子睡觉去了。为了报复她，我又点了两盆，挂在她账上，吃到后半夜。一边喝啤酒一边想：

这个女人，绝不简单！

谨以此文，感谢这个不简单的水湄，这些年给予我的各种刺激，让我开足马力往前跑！同时感谢她请我吃过很多很多小龙虾，更祝贺她的新书即将问世！

这个世界匆匆又迷茫，在追求成功与辉煌，爱与被爱的世界里，幸好有水湄这样的人，给予在人生路上四处乱跑的我们足够多的温暖、光芒和榜样的力量。

特立独行的猫写于北京家中

2018 年 9 月 6 日

# 女性的选择

在写这篇文章的时候，长投学堂刚刚对外公布了融资一个亿的消息，朋友们纷纷通过各种方法来祝贺我，恭喜我和团队，实现了一个小目标。

或许在旁人看来，自己创业的公司发展很好，婚姻幸福，三个孩子活泼可爱，我自己也没有发胖过度，可谓是人生巅峰了吧，但我自己很容易想起，多年前的那个我自己。

那个时候我是一个大龄未婚女青年，在职场上茫然不知未来。每天早上叫醒我的只能是闹钟，而不是雀跃地想要上班的心情。一年中有 11 个月都出差，培养出了上飞机绑好安全带就直接睡，直到飞机接触地面那一次震动才醒过来的本领。在感情上也是坎坷波折，我想起来有一个冬日的夜晚，得知亲人去世的消息，我感到分外寒冷。我翻出手机通讯录，一个人一个人翻过去，想想谁还是单身，差不多就结婚抱团取暖算了，反正我也不期待婚姻里还有爱情的成分。总之，那个时候的我生活似乎是一团糟，我妄图想从中抽出一个线头，然后就被更多的线绑得动弹不得。

大约每个人都会有这样的时刻吧，那样茫然对未来不知所措的时刻，生活变成一个巨大的怪兽，向我们张开狰狞的大嘴，我们可以选择战斗或逃走，然而我们却茫然地呆呆地站在原地。

然而值得庆贺的是，我终于做出了正确的选择，在 30 岁的那个坎儿上，我选择了离开无法吸引我的工作，我选择了不与没有爱情的婚姻妥协，我选择了追随自己内心真正的信念。因为那些无比明智和正确的选择，我才一步一步走到了现在。

人的一生当中，总是面临太多的选择。小到早饭吃面包还是包子，上厕所是用三格纸还是两格纸。大到毕业选择什么工作，选谁当陪伴一生的人。而对于女性来说，选择可能更多、更困难，因为大多数女性在选择面前容易退缩，容易自我怀疑，容易一时妥协，而没办法真正跟随自己的内心，做出真正忠于自己的选择。

我想把这本书送给所有那些曾跟我有一样面对选择不知所措的女性们，我想告诉你们的是，人生也许不存在一条"比别人更好"的路，但正确的选择，会让你走上一条让"自己过得更好"的道路。

在这本书中，我作为一个创业者，会分享我在职场上的思索和选择。作为三个孩子的妈妈，也会分享我在育儿中的心得和体会。当然，同样作为一位女性，我也会分享那些曾经让我迷茫，让我困惑，让我无所适从的生活时刻，期望你们会找到一些有益的启发。

同时，也把这本书送给给予了我美满婚姻，也赋予我爱情意义，同时还是我创业伙伴的我的先生暖手同学，从某种意义上来说，正是因为他的存在，才让我有更大的勇气，选择了我现在幸福的美好生活。

# 目录

## Part 1

真正的**女性自由**应该是**选择的自由**

# 1. 真正的女性自由

最近一直关注的几个公众号都在痛斥赵雷的《30岁的女人》，我特意听了这首歌，歌词中写道：

她是个30岁 至今还没有结婚的女人

她笑脸中眼旁已有几道波纹

30岁了 光芒和激情已被岁月打磨

是不是一个人的生活 比两个人更快活


我喜欢30岁女人特有的温柔

我知道 深夜里的寂寞难以忍受

你说工作中 忙得太久

不觉间已30个年头

挑剔着 轮换着 你再三选择

······


我在20年前就有自己的女性立场，对我的立场的形成有深刻影响的是作家龙应台。集坚硬和柔软于一身的龙应台曾经说过一段话，大意是：

真正的女性自由，不是一定要在职场上战绩彪炳，也不是一定要在家中相夫教子，真正的女性自由，应该是选择的自由。

不畏人言，没有压力地选择自己真正想要走的道路。

回过头来看这首赵雷写的歌，最大的问题在于，他不认为女性有选择的自由，他认为年过三十的女人只有一种选择，就是"嫁人生子"。

我喜欢孩子，所以生了三个（第二胎是双胞胎纯属意外）。但我觉得生孩子并不是每个女性必需的选择，我有好几位女性朋友选择丁克或单身，她们的日子一样过得逍遥自在。我喜欢创业的感觉，所以开了三家公司。但我并不认为创业是女性必需的选择，我非常欣赏一位全职妈妈，她会种花、会画画、还会给女儿做裙子，小女儿在幼儿园里自豪地说"我妈妈什么都会"。

我心目中真正的女性独立，就是独立地不受旁人干扰，不受社会压力的影响，选择自己真正想要走的道路。

如果大学毕业就结婚生子，只要这是你想要的生活，没问题。如果40岁了才想谈恋爱，那也没问题。

自己挣钱、自己消费，有钱、有颜、有健康、有自己的兴趣，有一些好友，人生怎么过不是个丰满自在啊？！

# 2. 10 年前的我，4 年前的我，未来的我

**（1）10 年之前，我摆脱了不喜欢的生活**

想起 10 年前写《美国众神》的影评时，那段时间我在香港天天加班做项目，加到吐，加到死。

在那时的文章中，已经看得出我厌倦这种忙到死的生活。

是的，没错，薪水很高，出入五星酒店，穿着光鲜，那又如何？

咨询工作做得久了，就会生出一种疑虑，我的工作真的能帮到客户吗？讲真，一直到辞职后，我也没能给这个问题一个答案。

做公务员的时候我也有这种疑惑，我的工作，真的能帮到别人吗？真的有价值吗？我的能力真的得到最大限度的发挥了吗？这真的是我向往的生活吗？回答不了这些问题，就只能选择离开。

10 年之前，我摆脱了我不喜欢的生活；10 年之后，我才能变成不一样的我。

**（2）4 年之前，我给自己定了一些目标**

我在整理文件时，找到一份 2013 年年底写的三年计划。计划分为家庭、读书、旅行、工作、收入和兴趣等部分。每一个部分都做了详细的年度计划。

家庭部分：我想好了要生二胎，所以 2014 年重点是锻炼，2015 年是

备孕，2016年生完。回过头看，我居然完成了。

读书部分：每年计划看中文书50本，英文书10本，这些都完成了。

公司营收和家庭收入部分：当年看起来是颇有一些高的目标，居然也都完成了。虽然现在看来有点运气的成分，但也不得不说，自己是一直在往这个方向努力。

4年之前，我给自己定了一些目标；4年之后，我才能变成不一样的我。

### （3）现在的我，要做一些事

其实，当年的计划里也有没有完成的部分，比如画画。大概10年前我就想学画画，但到今天依然没有进度。

再比如旅行，计划上写了肯尼亚、西班牙和日本。除了日本，其他都没去。3年生三娃的节奏，加上创业的忙碌，旅行的优先度只能放到最后了。

由此可见，工作和家庭的优先度太高，给自己留的时间太少了。

今年有个顿悟，四位老人都已经年届七十了。对于自己来说，四处旅行的计划大可以往后放一放，但老人们年纪大了，越往后出行就会越不方便，应该多花些时间陪他们四处走走。

工作是没有尽头的，休闲放松是必需的，张弛有度，才有可能尽享生活的乐趣。

现在的我，要做一些事，让未来的我，变得更加不同。

# 3. 工作和做喜欢做的事，是否相悖

从一封我收到的邮件谈起：

*Hello*，水湄，我关注你的豆瓣已经很久了。最近我开始看《小狗钱钱》《富爸爸，穷爸爸》，又正巧在工作上有些事情与老板进行了一段长时间的交流，有一个想法或者说概念，在我脑海里一直模糊不定。

曾经我比较坚定地认为工作就是为了钱，关键在于是什么工作，是否享受工作，仅此而已。但最近看到的很多信息或者书籍，开始让我不得不怀疑：是不是为了钱才去工作？我设想过，如果今天我找到了一份工作，却拿不到比较理想的工资，即使我喜欢这份工作，但是如果物质基础没能达标，我势必会为了钱舍弃这份我喜欢的工作。当然如果能找到一份钱多又喜欢的工作是皆大欢喜，但是找到一份不喜欢的但钱多的呢？当然这也许是个人取舍问题，你没有兴趣回答也没有关系。

工作和做喜欢做的事情，是否相悖？对于像我这种大学刚毕业，什么都不会的人来说，我老板的看法是：几乎没有资格去选择，因为这种类型的求职者处于弱势地位。对于什么都不会的人来说，有一个不错的工作机会已是难得。只有那些面前有好多条路可以选择的人，才有一定的资格，去选择自己喜欢的。

对不起，水湄，对于这个话题我的思维依旧非常混乱，所以我也不清楚，我是否已经表达了我想要说的东西。对于这样的一个话题，你是否有兴趣发表一下你自己的看法？

其实关于这个问题，我的偶像雕爷（老雕）已经在他那本《MBA教不了的创富课》一书中做了回答。他说的是公司创业，举了两个公司的例子。

一个是SanDisk（闪迪公司），发明闪存卡的公司，虽然产品很牛，但是没人买，所以他们就四处"打野食"，从别的地方赚钱来养活公司。终于在三四年后等到了第一笔大单：IBM订购10000个闪存驱动器，然后慢慢变成一个很牛的公司。

还有一个例子是雕爷的一个朋友开的公司。创业的时候就想着赚钱，哪儿好赚去哪里，过了10年发现，钱倒是也赚了一点，但是没有主业，东一榔头西一棒子，没有形成自己的竞争优势，所以企业总是做不大。

这两个故事看上去跟上面的问题毫不相干，其实说的都是"活下去"和"梦想"的关系。做人跟做企业一样。如果做人没有薪水，做企业没有现金流，那很快就会生存不下去，哪里还能奢谈梦想。反过来讲，如果做人没有梦想，做企业没有远大的目标和核心竞争力，那么格局也就永远这么小了。

很多读者在给我的来信中说，水湄你鼓励大家追求梦想，而我的梦想不是现在这份枯燥的工作，我的梦想是旅行、画画、看闲书、谈恋爱。

请允许我说，这种对梦想的理解也太简单了，这不是梦想，只是想玩儿而已。谁不想玩儿啊？！

我从来没有说过追求梦想是一件简单的事。它远远比单纯养活自己难得多。很多过了而立之年的人谈起的梦想和愿望，并不会多么伟大，而更多的是现实的、切身的，无非是工资涨一点，职位高一级，有个谈得来的朋友，有个可以拿出去炫耀的孩子。

难怪罗曼·罗兰在《约翰·克里斯多夫》里面如此写道："大半的人在20岁或30岁上就死了：一过这个年龄，他们只变了自己的影子；以后的生命不过是用来模仿自己，把以前真正有人味儿的时代所说的，所做的，所想的，所喜欢的，一天天的重复，而且重复的方式越来越机械，越来越脱腔走板。"

我觉得你老板说得对，对于什么都不会的人来说，有一个不错的工作机会已经难得。但是从另一个角度说，你永远要记得，除非是你真正热爱的工作，否则它只是你养活自己的手段而已。你可以有更多的选择，你可以在工作之外的时间，发展自己的兴趣，做自己喜欢做的事。当然，如果你有足够的积蓄，也可以重新找一份薪水不那么如意但真正喜欢的工作。就像我现在做的那样。

这其实并不难，关键是你必须付出更多的时间、更多的努力，而不是像左手吃鱼右手啃熊掌那样轻松。

就像 SanDisk 公司创始人那样，在还没有资格谈理想的时候，好好养活自己，储备力量。但是在心中，永远不要忘记，就这样过完一生并不是你真正想要的。

# 4. 不敢想，永远得不到

常常有许多小伙伴跟我说："水湄姐，我想读××大学，可我肯定考不上。""水湄姐，我好喜欢他，但我配不上他，只能默默看着。"之类的，这种时候我很想说："姑娘，你连试一试的勇气都没有吗？"

不敢想，就永远得不到。

之前一位比较年轻的朋友跟我谈起财务自由的问题（自从做了长投网，我一直被逼问此类问题），聊到身边某人的发家史时，他无限憧憬地说："我也好想有钱啊。"然后突然又低头说，"不过我肯定做不到。"

我十分诧异，在这种情况下，不是应该说"我好好努力，以后也会很有钱"嘛。

稍加留心，我发现有不少人有类似的思维路径。例如"只有学理科的人才能学投资，学文科的肯定做不了"，"他升得那么快，肯定有后台，我没后台肯定没法升职这么快"，"学霸成绩这么好，肯定是智商超过140，我智商只达平均水平，肯定没法跟学霸比"。这些话的背后潜台词就是"这么高大上的东西想也不要想，我肯定是做不到的"。

最近听一位心理学专家说过，这就是典型的"僵化型心智模式"。简单来说，就是觉得人的很多成就取决于智商、家庭背景、个性偏好等先天因素，以至于后天无论如何努力都是无法改变的。而与之相反的是"成长型心智模式"，也就是认为努力和能力成正比，只要付出足够的努力，是可以取得一定的成就的。

举个例子，龟兔赛跑中，兔子就是典型的僵化型心智模式，认为"我天生大长腿，就算不努力也比乌龟跑得快"，而乌龟则是成长型心智模式，觉得"只要我努力，有一天也会跑赢兔子"。

我想起暖手同学曾经在长投的第一次线下活动上讲过的一个历史故事。当年秦始皇出巡，前呼后拥，盛况空前，围观众人纷纷表示仰慕憧憬的时候，有两个人在不同的时间地点说了两句话：一个人说"大丈夫当如此也"；另一个人说"彼可取而代之也"。前一位是汉高祖刘邦，后一位是大英雄项羽。或许人群当中还有人说了"好厉害，我肯定做不到"，而且这么说的人肯定不止一位，但这些人的话都没有被《史记》记录下来，因为他们确实没有做到。

天下不可能的事儿是有，但不可能的事儿也没有你想得那么多。有些事儿一定要敢想，正如马云说的那句："梦想，还是要有，万一实现了呢。"

# 5. 这个世界比你想象的要大

　　我和暖手同学去了东京几天。回程的当天，我在豆瓣上发布了两个重大决定：一个是把带儿子嘟嘟的全职阿姨辞了，另一个是我辞职了。

　　我在 NGO 的全职工作，因为是从 6 年前创业就一直在做，所以对所有的工作流程非常熟悉。小伙伴们全是我招聘来的，继而手把手一点点教出来的，因此放手让他们做也不会有什么问题，而我每天并不需要花太多时间就能把工作搞定，而且工作时间很自由，而薪水虽然在同辈中很汗颜，但也足够抵消家庭所有开支，外加各种私密小愿望且还能略有积蓄。我递交辞呈的时候，每一个相熟的工作伙伴的第一句话都是："你傻呀，这么混混不是挺好的吗？！"

　　对于自己做的这个决定，本来我并不十分确定其正确性，但当听到"这么混混不是挺好"的时候，我内心隐隐觉得，这个决定做对了。混个一年半载没问题，总不能一直"混"掉下半生吧。

　　想起我人生中的第一份工作。我记得有一天中午去机关食堂，放眼望去，前面那些密密麻麻的人就是我的后半生。混得好一点，是左手边这位，50 多岁，副局级，周围有不少溜须拍马的部下。混得差一些，是右手边这位，也 50 多岁，才正科，但好歹也有点小权力。我的未来就在那个食堂小小的屋檐下，内心不禁在想，我想去看看外面的世界。

当初我们五六个年轻人差不多同时间进部门，天天想的是如何竞争唯一的副科级位置，我不禁想，外面世界的人都在干吗呢？

就这样，我辞掉了公务员的工作。二十几岁就看得到自己后半辈子是非常恐怖的，我总想，也许可以有不一样的下半生。

最近跟几个 MBA 的同学聚了一次，起因是我们在微信上聊到"人生真的就这样了吗？！"大家在公司里都已经独当一面，上司信赖，下属崇拜，虽然说不上富得流油，但有车、有房，看到喜欢的首饰、包包也不用犹豫。大家说一切都还不错，但"人生真的就这样了吗"？我说"我不甘心"，女伴们也说"不甘心"。

辞职后的日子过得有些懒散：一则是儿子嘟嘟占据了大量的时间（尤其是辞掉全职阿姨，晚上我陪睡之后）；二则对自己的未来略有点迷茫，不甘心"难道就这样"的同时，也暂时找不到明确的方向。


我天性属于胃口大嘴巴小的那种人，计划很庞大，除了要做一个新的 NGO 平台，还打算另外创业一个公司。

没想到下了这个决心后，一切都很顺利，所有的资源都靠拢来，而且新公司（还没注册）轻易拿到了一些代理权。但是年底的时候，想到自己辞了一份工作，居然要继续干两份新工作，我简直需要化身为四头八臂才能搞得定，内心又不禁惶恐。加上长投网迎来一个很好的契机，于是我决定放弃那些到手的代理权，把精力全力放在长投网的发展上。

这一路说来似乎云淡风轻，当时面临选择的时候也诸多惶恐，那时还不断收到各种豆瓣邮件问未来迷茫怎么办。我心想"我自己还不知道怎样办，如何告诉你呢"？那段时间什么都不想干，常常刷刷网络就是一天。暖手同学对我的无所事事大为不满，但居然也没有太多责备，只是逐渐把我手上应做的事拿去自己做完，偶尔鼻子里出气哼哼道："要是你仅仅是我合伙人而不是我老婆的话……"言下之意，不言而喻。

其实，辞职最大的担心并非来自经济压力，而是来自那种对未来的不确定感，无论是在投资上还是生活中，我跟暖手同学基本都属于风险厌恶者。但即便如此，我仍然选择了辞职创业，选择去做一些我并不知道未来会如何的事。

我想能够始终支撑这些决定背后的最大理由是：我相信这个世界很大，眼前的池塘、水库都只是暂时的居所，我终将有一日会游到大海上，那种广阔得无边无际的空间和自由，才是我值得奋斗的最后归宿。

无论如何，在新的一年即将到来的时候，曾经遮挡未来的重重乌云，似乎已丝丝散去。即便我并不知道未来会如何，但我从来不后悔这样的选择——我想去看看更大的那个世界。

# 6. 这个世界，不变的只有变化本身

　　我去深圳出差三天，回来之后，觉得体力和脑力都消耗巨大，但是，收获也非常大，在此写一些感想。

　　除了可悲的延迟了四个多小时的飞机和热火朝天的乐园街海鲜夜宵，在深圳的第一天活动是公差。组织我所在的 NGO 在当地做企业访问和培训交流。那天上午，参观大名鼎鼎的腾讯。接待我们的是一位号称董事会最帅以及最有可能升任 CTO 的同学。但这位过分瘦的帅哥同学说的只是客套话，真正有料的分享还是社交平台事业部总经理分享的红米案例。

　　下午回酒店，做主题演讲的是哈继铭，把宏观经济讲得深入浅出是不容易的，何况哈继铭还是少数逻辑性正确的经济学家，因此收获很大。接下来是分成四个场子的小型交流。我选择的是罗兰·贝格的场子。

　　说实在话，以一个前咨询顾问的身份，我当然怀疑过咨询公司是否能真正帮助到付高额咨询费的用户，这也是我最后离开咨询行业的最大理由。

　　列举的案例都是六七年甚至十几年前的，原因有二：

　　一是在咨询行业里，级别越高，主要的工作就变成"销售"，而不会直接做项目。因此，主讲人用于举例的，自然就是当年他在初级阶段时做的项目。但最新的项目，对不起，合伙人级别怎么可能了解细节呢？

　　二是麦肯锡、波士顿以及罗兰·贝格这种级别的咨询公司，咨询费用不是普通人能够付得起的。在国外，愿意付的都是集团公司。在国内，大部分是大型国企。

跨国咨询公司在中国，靠着外企中国部门以及国企而活，你可以想象在非洲草原上，当一头大象因体弱而砰然倒地后，围绕在旁边的豺狼和秃鹫，它们不能自己捕猎，只能靠食腐肉为生。也许我形容得有点过了，也许这并不是事实的真相，但这确实就是我那天的感受。我被那种感受深深震撼了。

以前跟别人探讨过咨询公司的意义，我的解释是：一般的企业遇见的重大难题，无论是战略目标、组织架构，或者是兼并收购、产品定位，在企业的发展史上可能只发生很少的几次，甚至只有一次，因此企业没有应对的经验；而咨询公司，则可能在很短的时间内遇到过很多次，因此有可以借鉴的经验。

举个简单的例子，就像女人生头胎都很惶恐，因为没生过。生二胎就从容得多，因为有经验了。而咨询公司比较像妇产科医生，每天都接生好几个人，见多不怪，就各种从容了。

但问题是，现在世界变化太快了。咨询公司几年前的经验，现在还好不好用，真的很难说。几年前，如果腾讯找咨询公司设计"微信的愿景"，那么最有可能被借鉴的只是 Twitter（推特）和微博。一年前，如果阿里找咨询公司设计企业未来的金融方向，那么给出的方案也只是一个银行。世界变化太快，一切都需要自己去探索，躺在几年甚至十几年前的功劳簿上收钱，还能收多久？！

但已有腐朽气味的并不只是咨询行业和咨询公司。我第二天因为长投网的关系又一次去腾讯的时候，经过各种沟通，我突然觉得，即便像腾讯这样的公司，也面临"部分腐朽"的问题。腾讯已然是一个"巨无霸"了，遇到了 IBM 当年"大象如何跳舞"的难题，遇到了 GE（美国通用电气公司）当年"项目多而不精"的问题。如果解决了这些问题，腾讯会变成一家伟大的公司。但是，如果没法解决的话……

说说与腾讯同龄的另一家公司——Google（谷歌）。我在机场买了一本杂志《快公司》，4 月号的主题是"50 家全球最佳创新公司"，排名第一的是价值 3500 亿美元的 Google，在这家"巨无霸"身上，似乎丝毫没有看到腐朽的痕迹。Google 目前在做的、还没有上市的项目有：谷歌眼镜、谷歌无人驾驶、新的搜索预测（根据用户习惯会提醒你地铁末班车时间，避免错过）、智能机器人、科技文身以及研究对抗衰老的药物！

我在腾讯楼下的咖啡馆给儿子嘟嘟写信，不由得想：当嘟嘟长大的时候，这家现在我们觉得如高山一般的公司会是怎样的呢？

世界变化得太快。在嘟嘟的爷爷那时候，讲究的是"学好数理化，走遍天下都不怕"，机械工业之类的专业最抢手；在嘟嘟的爸爸那时候，英语和财务专业很抢手；现在，大约是金融和计算机专业最抢手吧？当嘟嘟长大的时候，他还会想当公务员吗？还会想进投资银行和咨询公司吗？

长辈们告诉我们"好好读书，找个好工作和好老公（老婆），安安稳稳地过完一辈子"，这话真的没问题吗？

这个世界，不变的只有变化本身，恐怕去接受变化，去思考更为长远的未来，去尝试各种可能，才会是更好的方法吧。

# 7. 可能正因为这样，我才没嫁你

上周把背拉伤了，不能久坐或久卧，偏偏工作上要处理的事情又多，感觉有点疲累。有一天，和一位老友在 QQ 上聊了几句，我说"要去开会和加班，回头聊"。然后他开玩笑地说了一句："要是你当年嫁给我了，我才不会让你大肚子还加班呢。"

我想了一下，其实想回复"可能正因为这样，我才没嫁你"。

暖手同学从来不会阻止我加班，他的口头禅是"随便你"或"你自己决定"。偶尔工作压力大回去在床上四仰八叉或滚来滚去，大叫"我不干了！"的时候，他开始总会说"这么点挫折都受不起"，我继续闹一会儿，他就会以忍耐和妥协的口气说"好了好了，不做就不做吧"。

反正我不会真的不做，连消极怠工都坚持不了一天。

回头说婚姻这件事，我理想的状态中，婚姻是两个独立而成熟的人，相互依靠和支持，有时候会比一个人要轻松，但有时候也需要一些妥协。

前提是独立而成熟，这点很重要。

在《囧之女神》的故事中，那个宁愿在公司打游戏也不愿回家带孩子、做家务的男人固然被人唾弃，可是有没有人想过他老婆也有错。所谓成熟的人，我觉得最大的标准就是能够为自己的选择和行为负责任。也就是说，嫁给他是那个老婆当时的选择，她应该要为其负责任。

举例来说，有些人被骗了钱（哪怕只是在淘宝买了不中意的东西吧），第一反应是："这个世界骗子怎么这么多？""为吗我运气这么差，总被骗？"又或者全世界大叫大嚷，哭诉自己的悲惨遭遇。而我觉得，作为一个成年人，如果被骗了钱，第一反应应该是"哟，怎么会被骗了呢？这么低级的错误，以后想办法别犯了"。

只有小朋友摔倒了才怪椅子，成年人摔倒了都明白是自己没仔细看路。

普遍弥漫的悲观情绪是"男人都一样，没有一个好东西""大部分男人都不会帮忙做家务和带孩子"——其实男人并不只有好、中、差三个等级（当然女人也一样），男人像植物一样丰富，问题是，你是否足够成熟和有能力去挑选适合自己的伴侣。

而且，做不做家务和带不带孩子，并不是判别一个男人是否优秀的唯一标准。我家做家务最多的是保姆，难道说保姆才是最好的"男人"吗？带孩子最多的可能是我婆婆，难道说我婆婆才是最好的"男人"？

我比较理想的感情方式，是像存钱一样存入自己对对方的关心，多付出、少索取，如果双方都是如此，那么储存起来的感情就是两人最好的联系。

但是，所谓的"付出"是要对方需要地付出，而不是一厢情愿地付出。在《囧之女神》故事里，那个男人虽然做得不对，但是我也有点同情他，他想要的是不被打扰，打会儿游戏放松一下。但在很多家庭里，男生无所事事打游戏是会被诟病的，我都能想象他老婆见到他打游戏会说"我都累一天了，你快来帮忙，不能什么家务都不做吧，一天到晚就知道打你的破游戏！"如果我是那位老公，我也会想办法逃避的。

再回头说一个人许诺我"不会让你大肚子还加班"这件事，这个并不是我真正需要的关心。在我气馁的时候给我鼓励、打气，纵容我偶尔情绪低落，才是我需要的婚姻伴侣。

# 8. 我为什么要生孩子

三年前，怀着嘟嘟的时候，就有不少人问我"水湄，你为什么要生孩子啊"这个问题。不肯生的理由千奇百怪，比如怕痛，怕孕后长斑，怕孩子吵闹睡不好觉，怕失去自己的自由空间，等等。那到底我为什么要生孩子呢？

## 01

这个问题我想了好久，想的过程中又怀了二胎，叹。

嗯，关键是怀的还是双胞胎，再叹。

先说说怀孕时我是什么状态吧。

怀孕 8 个月，体重只长了 12 斤。因为吃不下，基本只能吃泡饭加榨菜。

日常静坐的心跳是 120/ 分钟，这种心率相当于我一天快跑 18 个小时，边跑还要边讲话、吃饭、洗澡、上班。

嘿，你问我为什么要生孩子，我不知道。

以前脸上只有 3 颗痣，现在有没有超过 30 颗都不敢数，不擦粉底液都不敢出门见合作伙伴。生完嘟嘟后体重虽然降回去了，但体形并没有完全恢复。

嘿，你问我为什么要生孩子，我不知道。

嘟嘟出生后强力霸占我的时间和精力，真不敢想象以后还要乘以三。

嘟嘟出生后我花了不少钱，真不敢想象以后还要乘以三。

嘟嘟固然有很可爱的时候，可是吵闹起来，尤其在我精疲力竭的时候，我也是恨不得掐晕他，真不敢想象以后还要乘以三。

只有两只手的我，怎么能同时掐晕三个呢？！

嘿，你问我为什么要生孩子，我不知道。

## 02

只是怕痛，怕变难看，怕没有自己时间的少女们啊，这些真的只是开始，生孩子要比你们想象的最艰难的事还要难 100 倍！

嘿，这个时候你问我为什么要生孩子，我后悔了还不行吗，呜呜呜……

好吧，我并没有后悔。我一直清醒地知道，生孩子的后果是快乐和痛苦几乎相等的。

可是我想这并不是我经历的第一件快乐和痛苦相等的事啊。

我为考试努力过，天天熬夜看书，付出大量时间、精力、金钱。

我熬夜陪护还不会讲话、走路的宝宝，他们对世界充满好奇和热情，让我重温年少时才有的求知欲和一种单纯的欢乐。他们不畏挫折一次次练习，让我重新审视自己的懒惰和封闭。是他们，让我变成一个更好的自己。

我恋爱过，彻夜思念。恋爱的感觉是甜美夹杂着痛苦。

为他不经意的回眸微笑，为他不耐烦的皱眉心痛。

为了跟他有共同语言，我翻遍所有军事杂志，背诵各种财经术语。

这跟一个妈妈深夜凝视宝宝肉肉的脸，订阅大量育儿书籍，为宝宝的

## 03

我从未说过人生一定要生个孩子。不过生孩子其实与生命中其他的探索一样，会让我们找到人生的另一条路径，获得很多新的体验。

当然，我们也需要付出很多，但经历这些后，会让我们懂得生命的价值，生活的意义。

生孩子，是一种旁人不能理解的折磨，可是，会让我们更加热爱生活。

从怀上嘟嘟，到双胞胎女儿的出生，有三年半的时间。我经历两次十月怀胎，做了两次月子，生了三个孩子。每天晚上陪嘟嘟讲故事和睡觉。从未错过他成长中任何重要时刻。

除此之外，在三年半的时间内，让公司营收增长了八倍，新开了一家公司，开始盈利，创立一个女性投资互助的 NGO，投资了几个项目，没亏。

婚姻走过七年依然幸福，写了几个专栏，出了一本书，去国外旅行两次，在国内旅行两次。每年保持阅读 100 本书。（怀双胞胎时身体不适，看了 62 本书）

你可以选择不生孩子，但是也不要荒废人生！

## 9. 选择做全职妈妈还是工作妈妈，这并不是一个问题

我从来没有纠结过做全职妈妈还是工作妈妈，可我有很多朋友纠结着。我从来没有纠结过要不要做妈妈，可是我也有朋友纠结着。我单身的时候倒是纠结过要不要结婚，这更是很多优秀女性的共同烦恼。

**01**

我有一个同学，是全职妈妈。她有两个如天使般的女儿，大女儿温柔娴静如天使，小女儿贪嘴耍怪，还特像天使。

女儿长得漂亮，她的摄影功底又好，朋友圈里的照片和视频简直媲美广告大片。

这也就罢了，偏偏她还会做各式好看、好吃的点心。早餐是法式面包、蓝莓酱、果汁，旁边点缀着两三朵带着露珠的花瓣。

这也就罢了，偏偏那蓝莓是她在自家院子里种的，采摘后制成蓝莓酱。鲜花也是院子里摘的，还带着露珠。

这也就罢了，她们家最新的游戏居然是观察老树根上挂着的蝶蛹，看它破茧成蝶，大女儿写生，小女儿在满是鲜花的院子里追逐蝴蝶。

她家还有一只柴犬、一只波斯猫、一只八哥，以及各种各样的甲虫。

她还会用蚊帐给女儿做纱裙，会做翻糖蛋糕，会做如仙境般的小盆景。小女儿在幼儿园的口头禅是"我妈妈什么都会做"。

反正我对她嫉妒羡慕，每天偷看她的朋友圈，有一天嘟嘟跟我看完她的朋友圈后，嘟嘟决定搬去她家跟两个姐姐住。

## 02

我有一个朋友，是工作妈妈。她在两年内，生了一个儿子，跳槽两次，升了三级。每次都是猎头电话追踪她，她说我在坐月子呢，猎头表示对方公司说等你！

于是她居然在月子期间跳槽，在月子期间开始远程工作，在月子期间组建自己的团队。等到生完孩子三个月后正式上班的时候，她的团队业绩已经是公司排名前三。

再往后，她从来不拿第二名，直到下一个公司找到她。

她对新公司只有一个要求，就是出差的时候，必须带上保姆和儿子，费用她自理。

没听说过新公司拒绝这条要求，新上司还要给她家保姆和儿子报销交通费。

## 03

你可以做全职妈妈，也可以做工作妈妈，你可以做单身贵族，也可以有甜蜜婚姻。

我的偶像们，例如陈文茜，是经常恋爱，一辈子独身。龙应台，有两个儿子，也有自己的工作。

最近，我的偶像是郝景芳，她就读于清华大学天体物理专业，又攻经济学博士，业余时间写作，获得了雨果奖。这些我都知道，她成为我的偶像是因为我发现她写的育儿公众号，里面的插画居然都是她自己画的。哎呀，我最钦佩她没有把成就限制在一个领域中，而是不断追随自己的兴趣，开拓新的领域。

对了，她还经常在朋友圈发带女儿出国旅行的照片。可是，她不仅仅是一个妈妈。

看吧，没什么好纠结的，一个女性，绝不是"全职妈妈""单身贵族""工作妈妈"这种简单的词汇可以定义的。选择任何一条道路，都应该是自己的选择，而不是被家庭、社会、朋友圈胁迫和绑架的选择。

# 10. 生命的意义比生命更重要

前几天重看《疯狂原始人》的时候，看到大女儿对过度保护她的爸爸大吼"整天都躲在洞穴里，你这不是活着，只是没死去"。

在父亲的传统经验中，只有躲在洞穴里才是最安全的，那是保护一家老小最妥帖的方法。

前几天跟妈妈有点争执，说到后来，两个人都对着电话筒哭。起因是我想休假几天，去山上住，条件也不算很差，车程也只有三个多小时。但妈妈觉得我怀孕了，上山很危险，完全是对孩子不负责。两个人角度不同，就争执起来。

我跟妈妈很少起冲突，而且我妈的性格很坚强，能说到她都哭了，简直是天大的事。

我冷静下来后反思，我是明白妈妈的善意的，我也并不是贪玩，能否上山休假其实不是一件大事，为什么我会如此情绪激动呢？

这几天看《仁医》第二部，南方大夫遇见一个铅中毒的歌舞伎演员，这个演员不顾会缩短最后活着的时间而执意要登台表演。作为一个医生的使命就是尽量延长病人的生命。但他后来知道了歌舞伎演员想要通过最后一次登台来感动一直与他不和的儿子。南方大夫明白了，对于有些人而言，生命的意义要比生命本身更为重要。

我趴在床上大哭，终于想明白当时跟妈妈斗气的原因了：对于父母而言，安全是很重要的一件事，生命尽可能长，生活尽量不要起波折，平平安安是一辈子的福分；而对于孩子来说，可能在生命中寻找意义更为重要。

上山休假虽然是小事，但我内心觉得因为怀孕，被剥夺了各种乐趣和可能性。怀孕并不是一个终点，哪怕孩子生出来，仍然要面对"安全"还是"有乐趣"这样的选择。

王石成为我的偶像，并不是因为他是成功的商业人士，而是他在拓展生命的各种可能性：创业的可能性，上市之后不要股份的可能性，抗争医生断言血管瘤只能坐轮椅的可能性，年过半百攀七大峰的可能性，大龄攻克英语难关去哈佛上学的可能性。

或许王石不能像很多幸运的老人那样长命百岁，但是对于他自己而言，生命的意义一定会丰富得多。

当然，并不是只有耀眼的功绩才值得钦佩。我的老爹肥肚子不爱锻炼，有一次他挑战自我，在高温天气步行七个小时，也让我异常钦佩。我爸妈和公婆一起去四川旅行一个多月，每天游山玩水，吃香的、喝辣的，这也让我看到生命的可能性。

我不算是安分的孩子，父母为我操了不少心。我很小的时候，跟同学偷偷去水库游泳，差点淹死。我还把铜片吞进肚子里，害得两个表哥天天在我的便便里寻找是否排出。大二的时候打算跟美术系的同学一路搭便车去西藏，把妈妈吓得半死。

亲爱的妈妈，我明白您的担心，您希望我安全，嘟嘟平安。但是，亲爱的妈妈，对于我而言，或者对于嘟嘟而言，生命的长度远不及生命的意义来得重要。我即将成为一个妈妈，我肯定也会担心嘟嘟的安全，但是，我不会把他永远藏在洞穴里。

因为外面，有狮子、老虎，山崩地裂。但是，也有美丽的风景。

## Part 2

态度决定高度，独立源自努力

# 1. 创业教会我的最重要的三件事

公司品牌部门的同事跟我说："水湄姐，要记得，长投学堂已经是第8年了，如果有外部采访，千万别说错了。"

哦，依稀仿佛，做长投学堂已经8年了。

8年了，在这长长的8年中，

家庭从2个人，变成了5个人；

公司从3个人，变成了90个人；

用户从0个人，变成了200万个人。

在读者群里，有人说起创业的话题，我说我很感激创业，它让我学会了很多非常重要的事情。

创业教会我的最重要的三件事如下。

## （1）永远都会有变化，永远不要害怕变化

创业的人，跟一般工作的人不一样。

普通的工作，也会面临变化，但是这变化来得慢，来得少。有时候可能很长很长时间都不会来。

我的父母，从刚开始工作到退休，一直在一家厂里。在那个年代，他们还算是转换了几个工作岗位的，他们的同事更多的是在一个岗位待了

40 年，不过是从小李变成了老李，从普通工人变成了高级工程师。

可是创业者不一样，创业者几乎每天都要面对变化。真的是每天、每天。最开始的时候我也会害怕，怎么环境又变了，后来就慢慢习惯了变化。

创业，让我再也不会害怕变化，因为我知道，只有变化，才是永远的不变化。

**（2）勇敢地直面问题和困难**

在心理上接受世界是每时每刻在变化的这件事之后，就会发现，每天都需要解决各种问题，面对各种困难。

但所有的人，本能地，都会逃避现实，逃避问题。只要逃避了，不久之后，就会发现，事实就是，根本没有可以绕过去的坎！

我们最早做的是网站，在电脑端。几年之后，用户开始习惯用手机端，但那个时候我们电脑端的数据还是很漂亮，如果要大规模向移动端迁移，就要招聘大量的移动端程序员，要改变一些内容和流程。比如我们电脑端作业内容特别重，有一些用户写几万字的作业，然而到手机端之后，不太可能鼓励用户写几万字的作业了。

当时觉得招移动端程序员很贵，改变流程又很麻烦，本能地逃避这些问题。然而，不久之后，整个世界发生了变化，用户越来越习惯使用手机，我们电脑端的数据直线下降，我们这时候才发现，应该勇敢地直面问题。

然后，我们做了很多改变，终于又迎来了新的漂亮的用户数据。

人性，是本能趋利避害的，但是创业，就是用现实告诉你，一切困难，只有闯过去才能有胜利！

### （3）别人说的话，可能都不对

很多人喜欢看别人的创业故事、创业经验，我也常看。

但是只有真正的创业者才会了解，所有别人的故事、别人的经验，可以看、可以借鉴，但不能原版照抄。因为，别人说的，可能都不对！

这一点，可以对照教育孩子来看。

有专家说，孩子就应该喝母乳。可是对不起，我两胎都是母乳不足。

有专家说，孩子哭了一定要抱抱。可是对不起，我工作繁忙，没有那么多时间在任何时候都能给孩子温暖的抱抱。

总之，专家说的，我会参考。可是我的孩子，永远只用适合我孩子的方法来解决问题。

生活和创业也是一样的！

创业和公司也是一样的！

别人说不能把同事当朋友，太亲密了干不好事情。然而我的同事跟我都是特别亲密的朋友，天天"互掐"和聊天。

别人说工作和生活是无法平衡的。可是我作为一个有三个孩子的妈妈，从来没有觉得我只能选择事业或者家庭，不好意思，我两者都要。

总之，只有适合我的，才是我应该做的。书里的，专家的，名人的办法，可能都是错的！

创业教会我的这三件事，在创业的过程中，赋予我最重要的意义。在生活中，我也秉持这样的原则。

社会在快速地发生变化，那些无法适应变化的人，很快就被抛弃。

要直面生活中遇到的任何问题和困难，如果想着，我晚点再解决，一定会被现实打脸。

还有，要听取别人的意见，也要坚持自己的决定。只有适合自己的，才可能是对的。周围人的意见，有可能都是错的！

我一直跟暖手同学感慨，创业是一条不归路，因为创业，能够让我发现自己，以及，变成更好的自己。

# 2. 为什么你看了那么多书，生活还是没有发生变化

这似乎是一个知识的时代，出版业欣欣向荣，知识付费方兴未艾，每个人似乎都在学习、学习，再学习。

为什么看了很多书，学了很多课，却并没有转变成行动？

如果你注意我的第一句话，我用的词是"似乎"，也就是说，那只是你的一种幻想。

我们去学了《7天，提升你的沟通力》，面对心爱的女孩，依然讷讷无法开口。

我们看了畅销书《如何高效学习》，考试依然挂科。

我们听了《育儿知识100问》，面对哇哇大哭的宝贝，依然束手无策。

我们似乎生活在一个只要拥有知识就会拥有新生活的时代，却发现看了那么多书，学了那么多课，生活却没有发生改变。

我也算是一个教育行业的创业者，每天认真思考的就是如何让用户更好更多地吸收知识，但说真的，每天都遭遇挫败。

有些用户花了几百元（深觉长投课程还真是良心价格）听课，明明课程里已经讲到如何评估公司、评估年报买价值低估的股票了，用户问的依然是"股票账户应该去哪里开？"这样浅白的问题。

直到我的 Markdown 学习之旅，我才明白，为什么学习和行为改变之间，有着如此天差地别的距离。

今年上半年，被身边的程序员推荐了 Markdown。Markdown 是一种流行于程序员中的文字处理方式。它简洁、方便、容量小，比起大家常用的 Word，简直一个是美天仙，一个是笨丫鬟，总之——完美。

那阵子我着迷于学习编程，所以严格以一个程序员的标准来要求自己，当然要学 Markdown 啊。

公司一位貌美的程序员妹子拍着胸脯说，水湄姐，我保证 5 分钟之内教会你！于是我拉着营销组其他同事一起来学。程序员妹子打开培训 PPT，第一张赫然就是：

打开有道云笔记，新建 Markdown 文件，你的学习进度已经完成 99%！

什么？！

然后程序员妹子再给了我们一些常用的 Markdown 范例：于是 5 分钟之后，我果然学会了！真的，就是这么简单。

然而，事情并没有这么简单。

因为 ·天之后，我就继续用回了 Word。

"知道"知识和"运用"知识，似乎完全不是一件事呢！

此后过了两三个月，我又被另一个社群推荐了 Github，由于要参与社区的互动，我费了九牛二虎之力，终于学会了怎么使用 Github，然后发现，他们的文本编辑，都用 Markdown。

这一次，我把 Markdown 一些常用的方法打印出来，贴在电脑旁边，然后把公众号编辑器改成了有道云笔记，并且每一次都用 Markdown 来编辑。终于在两周之后，可以顺利地运用 Markdown。虽然有一些应用还不太了解，需要搜索相关资料，但由于一直在运用，所以越来越熟悉。

一个 5 分钟就能了解的知识，我花了超过 4 个月的时间才只掌握了基本。

我终于了解到，从知识到行动，是多么遥远的距离。


人的知识要转化成行动，要经历三个阶段。

第一个阶段：短期记忆

看书、听课所得到的知识，只存在于"短时记忆"中，在较短的时间内是可以进行记忆提取的。

这个很好理解，比如你看完一本书，当天别人问你看了什么，你可以滔滔不绝讲很久。但隔了三天之后，你只能记得一些印象特别深刻的地方。隔了一个月之后，你记得的东西可能微乎其微了。

第二个阶段：长期记忆

如果经常进行记忆提取和逻辑重组，短期记忆就会变成长期记忆。

比如看完一本书，如果能在看完之后写一篇读书笔记，并且在一段时间内不断把书的主要内容讲给别人听，那么书中的知识，就会从短期记忆，转化为长期记忆，随时可以提取。

第三个阶段：实际运用

仅仅是长期记忆还不够，只有当这种知识转化为行动，才会对我们的人生起作用。

例如看完一本烹饪书，能在三个月之后想起番茄炒蛋的步骤，那还是不够的。只有当我们真正做完一盘番茄炒蛋的时候，这个知识才可能改变我们的生活。

而且最难的，往往就是运用。因为知识是理论上的，只有骨架没有细节。

烹饪书不会告诉你番茄炒蛋的蛋要土鸡蛋还是洋鸡蛋，冬天和夏天，油锅的温度是不是要设置成一样的。它也不会告诉你其实你老婆喜欢吃加一点点醋的番茄炒蛋。这些，都需要你在实践中反复操练。

我高中读的学校叫"行知中学"，是源自著名的教育学家陶行知。学校走廊里、教室里到处贴的都是他老人家的名言，有时候还要背诵。那时候觉得很烦，离开之后才慢慢领会到其中的深意。

他倡导"生活即教育"，从实践中学习知识，只有能够改变自己生活的知识，才是真正有用的知识。

我们学习哲学和历史，是为了了解上下五千年，明白生命的意义；学习艺术和美学，是为了让自己脱离生活的平庸和无聊，感受到自然和生活之美。

而如果读完书，书还是书，你还是你，并没有发生改变。那么你就变成了"两脚书橱"。只有把学到的知识转化为行动，那些看过的书、听过的课，才能帮助我们得到更好的生活。

# 3. 制订目标的几个关键词

明天是新年，除了节日的热闹，还有各式轰轰烈烈的"新年愿望""新年计划""新年规划"。

如果把时间回拨一年，我们许下的那些愿望都实现了吗？ 90% 的回答应该是——没有。反正我是没有。

我们总是容易高估自己的能力，低估可能遇见的困难。未来的一年，我们会瘦 30 斤，我们会看完 100 本对人生有益的书……

有一个真实的心理学研究案例，以色列某大学要求学生在两项功课中选一项。一项任务无聊但容易（用母语阅读心理学历史文章），另一项有趣但困难（用非母语阅读爱情小说）。只有一周阅读时间，但可以选择从明天就开始的一周，或者是两个月后的一周。

结果是，选择最近一周完成功课的都挑了无聊但容易的内容，选择两个月后开始的则挑了有趣但困难的阅读。不过，前者大部分完成了作业，但后者完成的比例就很低了。

因为人们在选择短期内目标的时候，会更理智地考虑完成目标所需要付出的时间、精力和各种代价，而在选择远期目标的时候，则普遍表现为非常乐观，低估了困难的程度。

不要制订过于长远的目标，而应该制订具体而短期的目标，即不要做一年计划，而是要做一个月或一周计划。

制订目标应该有这样几个关键词。

### （1）要具体而且量化

这个应该是人尽皆知了，不多阐述。反正你们比较一下：要减肥 vs 三个月减肥 10 斤；一周看完一本书 vs 每天看两章。

### （2）要有一些难度

目标最好有一定的难度，没有难度哪来动力啊。例如，与其一周看一本书，不如制订一天看一本书的计划。人生，有时候需要疯狂一下，何况，即便一天看不完一本书，也会比一周看一本书要完成的多吧。

### （3）要做短期规划

最长的计划不要超过一个月。因为过度长远的计划，会让你过分乐观。毕竟，一年就 12 个月，踏踏实实地做好每个月的事儿，才可能完成更大的心愿。

### （4）唯一目标

既然是短期计划，那就千万不要制订多项目标。又要减肥又要考研又要谈恋爱，制订这么多目标，如何完成呢？！只有制订唯一目标才会让事情分出轻重缓急，才更能集中所有能量去完成目标。

### （5）行动频率要高

既然是短期目标，就不要每周来一次，不然你一周之后肯定会忘记。

保持较高的频率，每天都做，才能逐步养成习惯，才能不断调整步伐，适应计划。

## （6）困难应对手册

亲爱的，永远不要高估自己，永远不要把自己当神。制订目标的时候认真列一份困难应对手册。例如希望减肥成功，列出：A. 如果闺蜜请吃大餐怎么办？B. 如果薯片打折怎么办？C. 如果饿得两眼昏花怎么办？D. 如果喜欢的人约吃甜品怎么办？越是重视可能遇见的困难和障碍，就越有可能克服困难和障碍。

# 4. 对不起，但你的人生是你自己的

作为豆瓣用户，除了要忍受豆瓣强插入的改版节奏，还要忍受各种无聊的邮件。

前几周收到一封邮件，问了一个很奇葩的问题，我完全不想回答，就没搭理。过了几天，他写了一封巨长巨长的邮件质问："我不过就问你一个问题，花不了你几分钟的时间，为什么你这么高贵冷艳？为什么你不肯花一点点的时间来回答我恳切提出的问题？"当然，我依然没搭理。

我公公多年来在重点中学担任语文教师，他带的班级，每年升学率都是排前几名的。但是他的教学风格很妙，学生在课堂开小差儿，或者不认真写作业之类的，他从来不管，他的理由很简单——高考是你们自己的，不是我的。他说多年的经验总结下来，好的学生都懂得主动努力，因为他们明白"努力是为了自己，而不是为了家长、老师，不努力毁的也是自己，而不是怂恿你出去玩的人。"

这个道理看似简单，明白的人却不多。

有朋友跟父母结了半辈子的心结，她觉得父母不关心她，觉得父母从小就不乐于看到她的成绩。所以她经常在工作不尽如人意的时候说"你们说我没出息，我就没出息给你们看"。我惊诧于她这个逻辑，当然我也不赞同另一个朋友说"我父母不待见我，但我就要发奋努力给他们看"。

无论你是否成功，你的人生是你自己的，不是你父母的。

我其实最不能理解这种对抗情绪带来的古怪动力，例如"这是个浑蛋领导，所以我把工作做得一塌糊涂让他难堪""老公背着我找小三儿，我坚决不离婚，就不让这个浑蛋如意"。前一种情况你的职业前途会一塌糊涂，后一种情况请问你想过你的下半辈子吗？浑蛋也许是毁了（其实不一定），但你不也毁了吗？

还有所谓的"贡献精神"——我要努力加班赚钱，为了让孩子15岁前有机会游遍欧洲，让他有个更高的起点和更光明的人生。拜托，你的人生是你自己的，请不要强加于别人身上，如果你愿意努力加班赚钱，那就请努力加班，但不要让孩子承担这个后果，万一你孩子并没有因此有更高的起点和更光明的人生，最后谁来负责呢？

对于很多豆瓣邮件问我的问题，你的"职业规划""爱情困惑""前途迷茫""学业难题"等，都是你自己的，无论我回信与否，都不能改变这个事实。请不要把责任推卸在我身上，同样的，请不要把责任推卸在"就是这个破学校""就是我父母从小没送我去补习班""就是交错了男朋友"这些理由上。

电影《怪兽大学》中，大眼仔和毛怪被怪兽大学退学了，前途一片渺茫。他们的理想是去怪物电力公司做专职的怪物惊吓专员，可是他们连个大学文凭都没拿到。

没关系，大眼仔说，我们可以去应聘门房，专门收发邮件。然后他们做到了收发邮件最快最多，然后去做了保洁员，然后去了餐厅，然后去做了惊吓员助理，最后，成功地成为专职的怪物惊吓员，而且一直荣任明星员工！

别说这只是童话故事，现实生活中也不乏实例，因为这些改变了自己命运的人都明白，只有自己，才可能改变自己的人生。

你的人生是你自己的。

# 5. 鱼和熊掌这两盘菜，你别妄想同时吃到

以下是一些比较典型的问题：现在的工作挺稳定，但是没有挑战性。如果我要换一份喜欢的工作，薪水比较少，而且不知道前途如何。

或者是，在北上广工作薪水挺高，但花费也高，每天有漂泊感。如果回老家，可以更安全稳定，但是感觉自己一生就这样了。

或者是，现在男友对我不太好，但是感觉分手的话又有点不舍得，不知道能不能再找到合适的对象。

所有的问题其实都归结为：鱼和熊掌，你想兼得！

问题是，天下哪有那么好的事啊！

前几天，婆婆告诉我一个报纸上的故事，某位家长为了对孩子实施"挫折教育"，在女儿初中的时候告诉她"我不是你亲妈，我只是代替你亲妈抚养你的，你到了18岁之后就要全靠自己"。这位没有安全感的女儿从此开始发愤图强，学习成绩飞速提高，据说考了个不错的学校。

18岁之后，这位假装后妈的亲妈说："哈哈，其实我是你亲妈，之前那样说是为了激励你。"

然后，我婆婆感慨地说："但是她女儿跟妈妈就不再亲密了，母女关系很恶劣，做妈妈的也很伤心。"

这假装后妈的亲妈当年选择这种奇特的"挫折教育"的时候，就应该

想到代价啊！其实目的不是达到了吗？女儿学习挺好，自主性也强。这时候你又回来说想要"母女亲情"，所谓亲情淡漠，本来不就是你当初选择的后果，是你必须付出的代价吗？！

大部分人的困惑，都是在人生的岔路口，如何做出更好的决定。所谓"更好"，就是说，以最小的代价，得到更多的收益。但"最小的代价"并不代表是"完全没有代价"。

我以前写过一篇日记叫作《没有那条更好的路》，里面讲的差不多也是这个意思，所有的事都是有代价的，就像开头那些问题：稳定的工作，当然没有挑战性；北上广机会比较多，当然挑战也就比较大；害怕离开现在觉得不靠谱的男友，当然就没有机会认识可能优秀的男人（脚踏两条船也是有代价的）。

天下什么事都是有代价的。

我的座右铭是"天下没有白吃的午餐"，其实跟鱼与熊掌不能兼得异曲同工。所有的事摆在我面前的时候，我要问："我需要付出什么代价？""我愿意付出什么代价？"

举个例子，我当初找对象的时候，就很明白自己想要的是什么。我对伴侣最大的要求是"有趣"和"比我聪明"。为此我愿意付出的代价就是"不需要长得好看""不需要有房、有车""不需要很浪漫"。

当然我得到的结果远比我当初要求的好，这是运气问题。但设想，如果我想要的是一个"又有趣又聪明，又浪漫又体贴，又英俊又多金的男人"，这个中奖概率有多渺茫啊？！

所以，别想着要稳定的没有风险的工作，又要高薪的待遇；别想着要二三线城市的物价标准，又要北上广的工作机遇。

别妄想人生会同时得到熊掌和鱼两盘菜。

# 6. 世界不是非黑即白的

很小的时候就被语文老师教育，看书或看电影，不能只看好人坏人，这是幼儿园小朋友才有的行为。大概被"幼儿园小朋友"几个字刺激得够深，所以我牢牢记得这个话。

青春期写最喜欢的颜色都是灰色，喜欢红喜欢绿的简直是农村大娘，喜欢紫色又太琼瑶，总之灰色变化多端，又高深又冷艳。

来到互联网时代，发现大家最喜欢非黑即白的故事，两边极端。要么你就是方舟子的奴才，要么你是韩寒的孙子，要么你就是中医的高端黑，要么你就是传统文化的叛徒。争论的双方，总要牢牢抓住一边站稳，中间的那叫"墙头草"，叫没立场。

我不欲讨论是非对错的问题，我想说的是一个问题有很多角度，当然这种多角度是对事不对人的。如果回复"不是每个写手都是作家""还想跟张恨水、鲁迅比？""装什么冷艳高贵"，这已几近人身攻击。一个人的道德、品德不是陌生人仅凭一段话或一篇日记就可以判断的，更何况，对人的攻击，对本身理解这个事并无帮助，纯粹发泄而已。

我们回到"事"的多重角度这个点上来。

作者、编辑、读者，这本身就是三个不同的视角。从作者角度而言，当然希望市场干净纯粹，能保障作者的基本利益，才有可能诞生不错的作品。从编辑角度而言，也希望市场不要混乱，优秀的作品能卖出高价格，不要被电商克扣得利润全无才好。而大部分读者，则站到了另一边，一方面当然希望有优秀的作品，另一方面谁不爱便宜货啊，电商不打折作者就能得利了吗？烂作品凭什么要卖高价啊？

问题是，这三个角度本身并无对错之分，只是大家站的立场不一样，正如盲人摸象，你说是绳子，我说是墙壁，结果就吵起来了。

另一种视角，是黑格尔说的"存在即合理"。例如，有些书印多了，不如低价让电商卖出去，通过打折的书带动其他商品的热销。

豆瓣每过一段时间会有一次以"斗嘴"为主题的节目，这时候是最有意思的，因为每个人都站在自己的立场和角度讲话，每个人都认为自己是对的，其实根本是角度问题，就像犀牛跟猪都说自己厉害，一个说自己皮厚，一个说自己肥厚——能聊到一块儿去吗？

事物本来就是多角度的，不同的人眼中的世界是不同的，多从别人的立场去看待同一件事情，是非常有益的脑部运动。

同样是火锅店，吃货看好不好吃；注重养生的人看健康不健康；妈妈们会看卫生不卫生；商人会看人流量、翻台率和可复制性；设计师会看店内的装潢，菜单的排版；单身男士会搜索美女，等等。

但从不同角度看待事物只是一步，如果能更进一步来说，可以想"我能改变什么"，例如做书只是"生产环节"，加上营销，也只是如制造业的广告而已。有没有想过其实"服务环节"的利润更高？比如我知道有好几个读书会，针对企业主和企业高管，每个月打包推荐书，价格高得离谱，可是推荐出来的书品质着实不赖，还有书的导读、引言、这本书的衍生、主题书籍推荐等。这就是书籍的服务环节。

从多角度看一件事物是很有意思的事。

# 7. 虚假希望综合征

"虚假希望综合征"这个词不是我杜撰出来的，而是多伦多大学的心理学家们发明的，《自控力》一书中也有提到这个词。

我们处于低谷的时候，最容易做出改变的决定，制订改变的计划。

去逛街，发现 L 号的衣服都穿不下的时候，我们会发誓要减肥；一年的体检报告出来，各种不合格的时候，我们发誓要去健身房锻炼；考试成绩一塌糊涂的时候，我们发誓要好好学习；存款为个位数，面前又放着三个喜帖的时候，我们发誓要节省金钱。

为什么？因为发誓改变会让我们充满希望，我们喜欢想象改变后的生活，幻想改变后的自己更苗条、更强壮、更有钱、更积极向上。

可惜，这一切都无法变成现实。做出改变的决定就是最典型的即时满足感，在什么都还没做之前，你就感觉良好了。等感觉好了之后，你就不想改变了。

这就是虚假希望综合征，你总是发誓要改变，而且认为这是你意志力的体现。正如一个笑话说的：戒烟很简单，我仅上个月，就戒了 18 次。

新年开始的时候最容易制订计划了，如果要杜撰一个词，叫它"新年计划综合征"好了。今年要读 100 本书、今年要减肥成功、今年要天天早起、今年要每周锻炼三次……总之，通过新年计划，我们想象未来一年我们健康美丽，欢乐活泼。

但是，改变很难。天气很冷、蛋糕很香、看书很累、空气很脏……借口总是比计划更容易找得到。

"虚假希望综合征"和"新年计划综合征"还有一个很厉害的特点——越宏伟越好。你很少看到每月减3斤的减肥计划，大部分人的目标起码都是一个月减10斤。读书计划也很少有人制订每天看3页书，大家都说一周一本（平均每天50页吧）。

因为希望越大，给自己带来的感觉就会越好，就越容易让自己从现实的低潮中爬起来。

"虚假希望综合征"不是不治之症，怎么治愈，很简单，做计划的起步越小越好，但是要每天坚持。

我的锻炼计划是从每天做5个仰卧起坐开始的。这种计划不会给我太大的压力（宏大计划所带来的压力以及由此导致的焦虑感，也是计划流产的原因之一），也不会让我有太虚幻的良好感觉（我无法借由5个仰卧起坐想象我有六块腹肌）。结果呢，150天后，我依然在坚持，而且每天可以做50个仰卧起坐，这个计划虽然没有带给我完美的腹部曲线，但是肥肚子小了不少，而且让我慢慢改变饮食结构，坚持跑步锻炼等。

我觉得《自控力》这本书很好，这种类型的书看完，是需要用行动来回应的。我列了一个意志力一周练习表（不是全部，是觉得对自己有用的部分）。


**意志力练习：**

1. 在一周内，反思自己受哪些内在冲动的影响，有效判断。

2. 在一周内记录，什么时候意志力最强、什么时候最容易放弃，分析原因。

3.当意志力挑战成功或失败的时候，我是怎么理解的。是否会允许自己做一些"坏"事。（例如，减肥的时候，早上多跑了2公里，下午是否就允许自己多吃一些食物。）

4.减少行为的变化性。做一个决定时，要认为每天都会做这样的决定。（例如，当我刷豆瓣一小时，要想一下我是否愿意承担每天都刷豆瓣一小时的后果。）

5.列出自己的偶像 List，并寻找偶像身上自己希望学习的部分，以此为标杆激励自己。

# 8. 学习这点儿事儿

**（1）学习的目的**

一直以来我对教育和学习都有着浓厚的兴趣。我开始创业时，办的第一家公司就是做培训的，看书也是一种自我学习。现在做长投学堂，对学习和教育这类话题兴趣就更加浓了。写豆瓣日记也是为了整理自己的所思所想，如果这些感想中有能激发读者对学习的热情，那就更好了。

遥想原始人，他们的学习方式应该很简单，大家一起去打猎，看见老虎，大家一起跑。看见蘑菇，大家一起采。学习的目的是生活（对原始人来说，更像是生存）。

作为一个 IT 男的家属，我搜索了国内计算机本科的专业设置，查出来的结果惨不忍睹。暖手同学不屑地说学校里教软件设计的老师，自己都从来不设计软件的。而暖手同学在德国学计算机专业的时候，教授中不乏IBM 在职的软件开发部主任，为了逃税每周来学校上课的。IBM 的软件设计师做教授，或许要比国内的状况好很多，但他仍然要照着大纲教学，不能解决所有学生面对的问题。

我作为一个外行来看，问题怎么解决，以软件设计这种极富有实践性的学科来讲，动手设计就好了，如果设计得不完善，不能运行，或者容易被病毒入侵，这些问题在实践中发生，再寻找方法去解决。多少硅谷天才就是这么炼出来的。

学习的目的，是要解决生活中的问题。或者从某个角度来说，学习本身，永远都不是目的，而仅仅是手段。

最近看了《这样读书就够了》《学习要像加勒比海盗》《上接战略，下接绩效》《卓有成效的管理者》几本书。在我看来，这几本书有一个共性，就是"学以致用"，讲求结果导向型的学习，把学习化为行动力，去解决真正遇见的问题。

教育领域的先驱陶行知，本名陶文浚，后改名为陶知行，又改为陶行知。单从这个改名上就很值得玩味，学习和教育的本质是什么？是先知道（学习知识）来指导行动？还是在行动中发现问题，然后去寻找答案（知识），看样子陶先生给出了自己的答案。

知易行难。正因为行难，所以更应该"先行后知"，陶先生的智慧可见一斑。因为"先行"，知识的获取会更有针对性，也会更有动力。

我在 MBA 读书的两年中，最有学习动力和成效的阶段，是我创业的阶段。到了实践时，发现倒背如流的书上那些公司战略、营销规划全部都是扯淡，纸上谈兵，根本和我想要知道的东西完全不搭界。而我想要知道的那些东西，例如怎么说服客户签单、怎么说服有经验的培训师以低价来上课、怎么做营销和推广、怎么找到目标客户……这些统统都没有教。怎么办？只有边干边学，到处问人，到处找书看。

等到下学期上课的时候，书上的理论都化成了生动的事实，理解起来百般容易。

学习，到底是为了什么？这是我们应该先问自己的问题。

**（2）学习的广度、高度和深度**

我跟三位做培训的朋友一起聚会，颇有收获。其中有一位男士说到"读书的广度、深度和高度"的问题。

他说的广度，是涉猎不同领域的书籍；高度，是指要看经典的书。他尤其提到了"选书"的重要性，他说年轻的时候看书，是抓到什么看什么，跳跃度很大，只凭兴趣，因此容易流于表面。而如果要提升高度的话，一定要在"选书"的过程中，用点气力，去看难一点的书，这样会高屋建瓴，看到很多以前不曾看见的风景；深度，指要聚焦某个领域，用"主题阅读"（见《如何阅读一本书》，或者《越读者》）的方式，把一个问题想透彻，进而形成一种思维方式。

有了深度和高度以后，知识突然从一个二维的平面变成三维乃至四维的空间，其容量上的增加，完全不能用百分比或者倍数来形容了（这让我想起了《三体》）。

这段理论我来回想了一阵子，有很多感悟，从读书引申到学习上，也是一样的。我的性格，属于好奇心浓厚，兴趣广泛那种。从前到现在，学过的东西着实不少，随便举几个例子：弹吉他，学了 2 个月，会弹一首半；注册会计师考试，坚持了半年，稀里糊涂连战场都没敢上；摄影，算是坚持过一两年，但回头看来，也是惨不忍睹；画画，断断续续，心还没死，但就是没法鼓起拿画笔的勇气；瑜伽、肚皮舞、拉丁这些健身类的，林林总总学过不下七八样，舞衣、舞鞋买了一堆，也没见成效；结婚的时候立志要学会做一手好菜，现在好菜都是暖手同学做的；我初中、高中、大学的时候，还分别做过绣花、钩针和打毛衣，成果是绣了一只电视机套上的小鸭子，钩了 3 个漏洞百出的杯垫，以及给爸爸打了一条有很多小洞（漏针）的毛裤。

但我肯定不是唯一，我能想象你们也有跟我一样的经历。

当然多挖掘兴趣并不是坏事，甚至可以说是一种难得的人生体验。但现在来反省，也就是说学习的"广度"够了，但是"深度"和"高度"都不够。这种永远浅尝辄止的学习态度，无法让我突破舒适圈，得到真正的学习乐趣。

彼得·德鲁克——如此伟大的管理学家——对自己的学习深度仍然不满意。他在《旁观者：管理大师德鲁克回忆录》一书中写道"只有偏执狂才能真正成就大事""而我们却兴趣太多，心有旁骛。我后来学到，要有成就，必得在使命感的驱使下'从一而终'，把精力专注在'一件事'上""像我们这样有着很多兴趣，而没有单一使命的人，一定会失败，而且对这个世界一点影响力都没有"。

人的时间和精力是有限的，如果仅仅在广度上去追求，势必失去了追求深度和高度的乐趣。而要得到学习的深度和高度，"单一的使命感"，也就是我们常说的梦想，是必不可少的。高远的梦想会引发学习的动力，然后在单一的领域中，慢慢寻找到不断突破自我的、真正的学习乐趣。

# 9. 如何利用记事本有效增强一个人的意志力

大多数人觉得记事本就是一个时间管理的工具，我想要强调的是，记事本其实提供了一种可追溯的记录，你可以通过这种可追溯的记录来反思和改变。

很多学科，尤其是理工科，都需要有这样的训练。爱迪生为了寻找做灯泡的好灯丝，试用了 6000 多种材料，试验了 7000 多次，记录了 40000 多页的实验笔记，最后发明了竹丝灯泡。

几乎所有的科学实验都离不开记录，如果说个人发展是一种对自己的心理实验的话，那么记事本就是这种实验的记录。你要做的就是，把实际情况记录下来，然后通过对记录的思考，考虑改进方案。

你把它用于时间管理，它就可以帮你做好时间管理；你把它用于梦想管理，它就可以帮你做好梦想管理。

《自控力》一书中有一些理论可以解释如何利用记事本有效增强一个人的意志力。

首先，如果你要控制一件事，那么要让它进入你的意识层面，也就是说，你要知道你要控制什么事。

书中说到一个"邮件狂"的例子，那个女子每天要查 50 次邮箱，问题是，她自己根本不觉得。把这件事记录下来，就是一个自我控制的方法。改变"邮件狂"的第一步就是每天把查邮箱的次数记录下来。通过有效的记录，她就知道其实每天自己要查邮箱 50 次以上。

记事本的功用，就是让你希望要改变的事，进入你的意识层面。比如想要改变拖延，先记录下你是怎么拖延的，拖延了多久，因为什么原因拖延，又在什么情况下不会拖延。让你时刻把要改变的这件事记在心上。

其次，《自控力》一书中说到，意志力其实是理性思维的产物。你的很多坏毛病，大多都是本能反应。你的身体和大脑喜欢甜食，因为在原始社会里，甜食提供大量的能量让你活下去。看到甜食就想吃，这是本能的反应。但是在现代社会，不需要大量存储能量，吃了甜食会发胖，需要控制你对甜食的本能爱好，这就是理性思维。

当你在记事本上记录下你需要改变的事，也就意味着，你花了一点儿时间来思考，这件事到底是否值得做。这时，理性思维就发挥作用了。

最后，意志力像肌肉一样，是可以锻炼的。通过持续做一件小事，可以提高你整体的意志力。因为，你养成习惯，关注自己正在做的事，倾向于选择更难的事（理性选择）而不是更容易的事（下意识选择）。

用记事本记录这件事，本身就是一种意志力的锻炼，把你想要改变的事记录下来，在记录的时候，你会进行理性的思考。例如，记录食谱和消耗的卡路里能有效帮助减肥者控制饮食。当饥饿的你面对一杯热腾腾的巧克力时，如果你还愿意花一分钟记录"一杯热巧克力有 110 千卡热量，相当于慢跑 30 分钟的消耗"，这个时候，我相信你的意志力一定有大幅提高。

当然，用记事本记录下来的问题，还需要用实际行动去解决。每个人的问题和有效解决方案是不一样的（例如压力大能对付拖延，这招对我就没用，我有时是压力越大越拖延）。这时候可以通过看书、与人交流、学习一些小的技巧，并实践一段时间，看看对自己是否有效。

对于我来说，把自己当作心理实验的对象，把记事本当作实验记录，不断记录、总结和反省自己，就是增强意志力最好的方法了。

**附：一小段自己记事本上的意志力记录**

今日拖延记录——
10:52
不想做邮件内容。

**原因：**
1. 有压力，觉得很麻烦，肯定做不好。
2. 有点头疼。

**自我劝导：**
1. 亲爱的，这无论如何都要做的。
2. 做不好没关系，先做呗。
13:30
顺利做完，而且一做就停不下来，最后效果还挺不错。
这个拖延没道理嘛。

# 10. 时间管理秘籍——
## 让你的一天有 192 小时

我能同时处理许多事情，是有一些时间管理的小诀窍的。我想到一个非常重要的时间管理法则，通过这个方法，你的一天就会有 192 小时。

用运筹学的方法，让 24 小时变成 48 小时。

我记得我的中学课文里，有一篇讲华罗庚泡茶的故事，我去网上查了一下，这个故事来自他写的《统筹方法平话》一书。

故事大概是这样的，一个人想要泡茶，一共有 5 道工序：

1. 烧开水

2. 洗茶壶

3. 洗茶杯

4. 拿茶叶

5. 泡茶

烧开水、洗茶壶、洗茶杯、拿茶叶是泡茶的前提。

各道工序用时：烧开水 15 分钟，洗茶壶 2 分钟，洗茶杯 1 分钟，拿茶叶 1 分钟，泡茶 1 分钟。

有以下两种方法。

**方法 1：**

第一步：烧水

第二步：水烧开后，洗刷茶具，拿茶叶

第三步：沏茶


**方法 2：**

第一步：烧水

第二步：烧水过程中，洗刷茶具拿茶叶

第三步：水烧开后沏茶


方法 1 用时 20 分钟。方法 2 用时 16 分钟。可以清楚地看到，由于利用了烧水中的空暇时间，方法 2 比方法 1 节约了 4 分钟。

这就是简单的运筹学方法。

我来讲讲生活中我是如何用这个方法来让时间变得更多的。

以下是我周六上午打算做的事儿。

1．跑步：40 分钟

2．拉伸：20 分钟

3．锻炼后洗澡、换衣：20 分钟

4．阅读：40 分钟

5．做面膜 + 交通：20 分钟

6．护理头发 + 交通：20 分钟

7．桑拿：20 分钟

以上所有事项，共计 180 分钟，即 3 个小时。而实际上我只花了 60 分钟，即 1 个小时就搞定了所有的事，来看看我是怎么做到的：

1. 在健身房跑步＋阅读，共 40 分钟。（一边跑步一边听有声书）

2. 然后去淋浴。

3. 健身房有桑拿房，脸上敷面膜，头发涂发膜，走进去，开始拉伸 10 分钟。

4. 把面膜、发膜一起冲掉，再进桑拿房蒸 10 分钟，同时给全身涂橄榄油。

我在 1 个小时之内，做了别人 3 个小时做的事儿。这当中不但节省了很多交通和等待的时间（去理发店做头发护理时间超长），还省了不少钱。这些面膜、发膜、橄榄油，一共花了不到 500 元，可以做 20 多次。

除了节省时间、节省钱，关键是效果还好。比如运动后做拉伸，由于冬季风大，容易着凉。可是在桑拿房，完全没有这个顾虑。时间比较充足的，可以直接在里面做热瑜伽。我曾经一边拉伸一边涂发膜一边蒸桑拿，还一边跟一个认识的朋友谈工作（正好她也去锻炼），出门的时候，皮肤滑滑的，身体很舒展，心情美美的！

**我周六一天的行程是：**

6：30—7：30
跟儿子嘟嘟和暖手同学在床上滚来滚去，闹成一团。

7：30—8：30
洗漱、吃早饭（早饭外卖送来），抱双胞胎，其间回复昨晚没有回复的微信和 QQ 留言。

8：30—8：50
交通时间，送嘟嘟去上足球课。

8：50—10：00

嘟嘟足球课时间（早去 10 分钟还赚了教练单独指导 10 分钟）。同时暖手同学用电脑工作，我用手机工作。

10：00—11：00

我完成了上述说的，跑步＋听书＋拉伸＋桑拿＋面膜＋发膜＋身体护理的全套流程。

11：00—11：50

骑自行车 5 分钟回到公司，吃了一罐蒙牛大果粒酸奶，然后写文章。接下来出发跟嘟嘟和暖手同学会合，一起吃午饭。

忙碌着，是幸福的！

## Part 3

认知力才是职场的核心竞争力

# 1. 如何才能找到最好的工作

　　最好的工作，怎么定义呢？工作清闲？做自己喜欢做的事儿？位高权重？还是收入高？为了方便后面的逻辑，我们就制订一个变量吧，就是收入多吧，因为多个变量计算难度太大，我们就不讨论了。

　　展望未来 10 年什么是最好的工作，实在是太困难，但有一点我们可以做，就是回望过去 10 年，看看当年的选择，在现在这个阶段是怎样的结果，也许通过这样的方式，能够让我们找到一双看清未来的慧眼。

　　顺便说一句，这也就是为什么学历史非常重要，暖手同学常常建议学投资一定要看金融史。实际上，很多事儿，过去已经发生了千百遍。

　　以史为鉴，是很靠谱的事儿。

　　周六的时候，我们 MBA 同学聚会，聊了一些很有意思的话题，不过我印象最深的却是其中一位说的一些话。10 年前我们毕业的时候，班上大约 85% 的人选择去外企，尤其是外企金融机构，例如渣打、汇丰这种外企银行，都是香饽饽。工作环境好、上升通道清晰，关键的关键是薪水高。不过 10 年后，在这次聚会上，大家却纷纷吐槽外企的好日子已经快到头了。我们这个年龄段的同学，大多处于中高层，收入虽然高，不过压力也大，未来又异常扑朔迷离，用一位外企高管同学的话说就是"现在我们公司，基本没有安稳做到退休的人"。

你们家的产品名号还是响当当的，价格也比同类产品贵出一截。你作为管理层，已经做到配车、配司机了，这种待遇也许在国企习以为常，不过在外企已经是身居高位的象征了，现在居然担心起退休问题来了，情况真的已经这么糟糕了吗？接着这位同学的话题，大家纷纷开始说这两年外企待遇下降、大量裁员。继而感慨，外企最好的年代已经过去了呀，要是再早个十年的，才是黄金时代啊。

另一位同学说，想要知道我们现在发展得好还是不好，只要看看两个对比参数：当年我们隔壁中文班的人和低我们两三届的人的职业发展。

解释一下背景：当年我们那个班，是跟某著名商学院联办的，所有教师都去那边培训过，所有教材都与那个商学院同步，中间还有若干海外交换名额，与之相对应的，就是全英语授课。因此在入学的时候有过一个英文筛选，英文好的，大部分进了我们班，英文不过关的，去了隔壁中文班。因此隔壁中文班，平均年龄比我们大，背景也相对偏国企。到了毕业找工作的时候，大部分去了不是特别要求英语水平的国企和私企。起薪普遍没有我们这边的外企高。

但是 10 年后，很多人都发展得不错。究其原因，因为当年外企待遇高，因此有大批"海归"、国内优秀大学生挤破头想要进入，乃至于就业市场一片红海，同时，这 10 年（尤其最近两三年）外企的发展也不尽如人意。但是当年的国企和民企，愿意去的优秀人才并不是很多，这 10 年的发展又比较好，此消彼长，当年无奈的选择变成了正确的选择。当年最优秀的大学毕业生大部分去了外企，现在风水轮流转，大约当年的学霸、班花们很多肠子都悔青了吧。

然后再来谈谈比我们低两三届的人，正逢风险投资崛起，于是很多人选择去了风险投资机构。经历了这些年，无论当初投的项目是好是坏（其实越早，坏项目比例越低），毕竟是入行早的前辈们，所以很多发展得也不错，收入也超越了我们这些师兄、师姐。尤其是，当年成绩比较差的，去的都是人民币结构的风投，前些年也是与美元结构的风投风水轮流转了下。

## 总结

### 要点一

选择现在最火的行业和最好的岗位，未必能保障你 10 年。毕竟，行业迭代迅速，风水轮流转。处于现在这个时间点，应该选择什么行业、什么公司呢？仍然是腾讯、阿里巴巴吗？还是长投网这样发展中的中小企业？是现在最红火的付费经济、新媒体运营？还是代表未来方向的人工智能、量化数据？大约每个人可以得出自己的判断。

### 要点二

遵循大势，寻找朝阳行业，不要在夕阳行业中苦苦挣扎。比我们低二三届的同学，当年进入投资银行属于明智之举，不过这两年也有江河日下的感觉。我大学毕业的时候，公务员最红火，国企"铁饭碗"，现在也真不好说。

看到这里你或许会问，怎么就能保证我挑选的一定是发展红火的朝阳行业，以及是未来最好的职业方向呢？有办法吗？

答案是：没有！

别急。

所以我要告诉你最最最重要的！

**要点三**

就是不断学习，拥抱变化。正如我那个同学说的，再好的企业也没有人能安稳做到退休。（即便安稳做到退休的，难道人生就这样了吗？）你要做的，不是停留在职场舒适区里，而是奋起努力，进入学习区。

从好的行业，进入更好的行业，正如我曾经说过的——安全感才是最不安全的！

# 2. 没有不适合的人，只有不适合的岗位

长投网内部有很多同事经历过转岗，转得幅度也都很大。程序员转营销的，测试转产品经理的，UI 转营销的，美编转客服的。大部分转得还都挺成功的。

这还是公司内部，就不说他们进公司前从事的千奇百怪的职业了。比如有学法语的，学日语的，也有烧锅炉的，当厨师的。

所以，我还挺相信这句话：没有不适合的人，只有不适合的岗位。

拿自己来说吧。考进 MBA 之后，很长一段时间我都陷入极端的自我怀疑。因为我大学毕业做的是公务员，在团委工作，谈不上什么专业技能，也很难说是什么行业。

到了开始找工作的时候，我极度羡慕其他同学：做 HR 的，继续找个外企 500 强做 HR；原来在三线城市银行工作的，去了外企银行；零售行业出来的，去了跨国零售公司。仿佛除了我，人人都能找得到自己的轨道。

有时候跟公司同事分享自己的黑历史（比如粗心记错法国客户班机抵达时间等），他们都会大吃一惊：水湄姐，你曾经也是这样啊。

人在江湖，谁没有过去呢？

那个时候，我对前途是极其迷茫的，所以尽量做好手上的事儿，也不断寻找可以突破的口子。晚上出去上英语课，周末又读了专升本的文凭（我

大学是专科毕业），尝试去考 CPA（没考过），最后考上了 MBA。

并不是第一次尝试就成功了，但至少我没有放弃，一直在尝试。

支撑我的是一个信念。

可能，只是可能，我不适合这个岗位，而并不是我不够好。

可能，只是可能，换一个地方，我能够发光发亮，我能比任何人都做得好！

确认这件事，我用了很长时间。

连谈恋爱也是一样，遇见一段不顺利的感情，开始的时候总是自责，觉得自己做得不够好，慢慢才学会去思考。

可能，只是可能，不是我不够好，只是我没有在合适的时候，遇见合适的他。

一直到遇见暖手同学，我才知道我以前那么想是对的。

回到职场上，一定会有同事、领导甚至不相干的路人，说你工作做得不好。当然，我同意应该要锻炼职场技能、超越自我。但如果你每天完全不想起床，坐在地铁、公交车上只想逃回家，工作提不起兴趣，一点也不想努力，似乎可以考虑一下：

可能，只是可能，不是你不够好，只是因为这个岗位不适合你。

总之，不是你不够好，是因为某一个外部因素不适合、不匹配，才造成这样的局面。

我始终相信：没有不适合的人，只有不适合的岗位。


**附：**

这个话题很久之前就想写了，因为很多人（尤其是女性），很容易陷入"自我怀疑"中。我有一次跟暖手同学谈心，说到我也是很久很久以后，在感情上才能做到自信，做到"不是我不够好，而是我们不适合"这样的心态，在工作和事业上也是如此。

另外，做长投网的过程中，经常被问到"我数学不好能不能学投资""我年龄很大了学不学得会投资"这些问题，本质上是来自对自己的不自信。

所以，我有一个很阿Q的标准：

超过50%的人能做到的事，我肯定能做到。

只有30%的人能做到的事，我努努力也可以做到。

低于10%的人能做到的事，我也不强迫自己做。

阿Q标准解千愁。

## 3. 薪水是市场给你的，不是老板给你的

有一个工作 3 年的女孩问我："水湄姐，我的大学同班同学，有一个人薪水已经快是我的两倍了，怎么办啊？"

似乎是一个很普遍的问题，大学同学，彼此都很熟悉，毕业后起薪也都差不多，最后有一个人薪水很高，那个人甚至还是在大学时候成绩不怎么好的，让人怎么不焦虑啊？！

我跟这个女孩讲了三点。

### （1）工作前 3 年是一个选择岗位的过程

工作前 3 年是一个选择岗位的过程，像我这种工作了十几年的人，看看周围的同学和朋友就会发现，很少人会在 10 年之后，还在大学刚毕业时的那个工作岗位。

我有一个大学同学，他大学毕业的时候进的制造业工厂，3 年之后跳槽去风险投资公司，又过了 3 年，看到一家创业公司的项目好就去那家做了高管。

拿我来说，读 MBA 之前，我是一个朝九晚五的公务员。读 MBA 之后，我去了咨询公司，去了 NGO，然后创业。

很多人知道，大学毕业选择的工作不一定会与大学专业对口。但实际

上，因为世界变化太快，所以你的第一次职业选择不一定是最正确、最符合你的兴趣和特长的。

毕业后工作的前 3 年，可以通过实际的工作，寻找自己真正感兴趣的岗位和职业，如果能找到的话，应该尽力去追求，毕竟，你以后还有长达 30 多年的职业生涯。

当然，在寻找的过程中，一定是有成本的。比如我进入咨询公司的时候，已经工作过五六年了，但是薪水跟本科毕业工作 2 年的人差不多，我当时也觉得有点不开心，但这是我转换行业必须付出的代价。

### （2）工资不一定是线性增长

工资不是线性增长的，有时候一次收入会抵得上之前所有损失。

我有一个同学，大学毕业后不想留在上海，就回她老家的一家制造业工厂工作。薪水比同学都低，但在当地也算很好了。况且她回到家乡，还能跟父母在一起，也就忍了。

没想到工作 3 年之后，她老板因为想扩大规模借了高利贷，一个没留神资金链断裂直接破产了，她失业了。她想在当地再找份好工作，找了很久也没找到。

一气之下，跟老公去创业。她英语好，在厂里负责外贸相关的业务，经常跑国外展会，拿了单子回到本地做加工，几个来回，公司就立稳了脚跟。现在，一年少说也有一两千万元的利润。

回想起来，毕业后工作的前 3 年，她的薪水比我们的低，第四年，她直接就是失业状态。可是现在呢，她比大多数同学的收入都高。

### （3）薪水是市场给你的

最后一点就是薪水是市场给你的，而不是老板给你的。

这句话可能有人不理解，薪水难道不是老板给的吗？其实并不是，你的薪水是市场给的。

假设你的岗位是程序员，市场上好的前端程序员月薪 1.5 万元，但现在公司只给你 1 万元。那么很简单，跳槽就行了。

当然，事情不仅仅是这么简单的，因为有一个"长期收益高"和"短期收益高"的比较。

什么意思呢？

比如一个公司给前端程序员 1.5 万元的薪水，但这个公司所处的行业不好，发展前景有限。另一个公司只给前端程序员 1 万元，但是是创业公司，有期权激励，薪水涨幅也比较大。在这种情况下，1.5 万元的薪水就不见得那么有吸引力了。

劳动力市场跟股市一样，虽然偶尔会有信息不对称的情况，偶尔会有价格的波动，但最终是会价值回归的。

一个真正有能力的人，可能短期内薪水会拿得低一些，但长期来看，劳动力市场一定会给了公允的价值。

毕竟，除了垄断行业和公务员，你可以随时选择更好的岗位和公司。

同学月薪是我的两倍，确实是一件很容易让人焦虑的事，但把眼光放长远一些看，才能做出更正确的选择。

薪水固然重要，但是在职场前 3 年，你最关注的不应该仅仅是薪水而已，而是在不断实践、不断试错的过程中找到适合你的职业发展方向。

# 4. 职场上的错误，如何才能避免

公司负责财务的同事发给我的数据又出错了，这已经不是第一次了，我很恼火，刚想冲下楼去说她几句，突然想起来，哦，我也是这么过来的。

这种粗心大意的疏忽，我不止犯过一次。

读MBA的时候，我在汇丰银行实习过一段时间，跟过一个新加坡老板。我所在的是现金咨询部门，也就是给每日现金流量特别大的公司提供一个现金解决方案。方案当中，当然包含大量的数字，数字从万到亿不等。

有一次，我做的PPT中少写了一个零，而且差点就通过邮件发给客户了。我被发现这个错误的老板骂了个狗头喷血。

虽然最后汇丰给了我一个不错的Offer，薪水也高。但我还是拒绝了，那次错误让我产生了"我真的不适合跟数字打交道"的想法。

还有一次重大疏忽，也是在实习期。是在一个顶尖的咨询公司，一天我突然接到法国客户的邮件，说他们不坐本周四的航班了，改在下周二。我大吃一惊，心想你不是下周四的航班吗。仔细一看之前发的邮件，才发现是我记错了，还好改期了，否则就是让法国客户在机场傻等，我要犯了这样的错误还不得把老板气晕啊。这件事老板根本不知道，因为顺理成章跟他说用户改航班了，可是我把这件事告诉了同在那家公司的师兄，师兄也吓得不轻，直接后果是他后来都不敢帮我写信任背书了。

这些都是在职场上的重大疏忽，错一次足以在顶头上司心目中留下永恒的"此人不可重用"的印象，从而彻底断送自己在那家公司的职业前景，而我，却不止犯了一次。

于是我仔细回想，我是从什么时候开始不再犯类似的错误了呢？

大约是从第一次创业开始，因为是自己的钱、自己的事。所有的错误会直接导致自己血本无归，所以就没有再犯过类似粗心大意的毛病了。

第一次创业之后，我也进入公司工作，但是那个时候的习惯就带到工作中，因为明白，不会有人再帮忙检查一遍，不会有人帮忙收拾残局，所有的工作结果都由自己来承担。

在工作中，"原动力"是最重要的事。也就是你为什么要做这份工作，如果仅仅是为了每个月拿到薪水，养家糊口，是很难真正在工作中找到乐趣的。

避免错误，也是一样。如果你的目的仅仅是"完成工作"，你的潜意识就在说，这份工作的结果与我无关，我已经完成了呀。而如果你的目的是"达成某项目标"，那么你就会更关注工作的结果，因此可以避免更多的错误。

我曾经有过非常典型的职场小白心态——"老板就给我这点薪水，也就只配我付出这点努力"，然而忘记了薪水是老板给的，但能力永远是自己的。

马马虎虎、随随便便的工作风格，坑害的只能是自己。

避免职场错误，最简单的办法就是想想三五年后，自己也要开一个类似现在工作的公司，把工作想成是"偷师"。把领导的要求，想成是自己对下属的要求。把每一个工作上的困难，都想成是阻碍你创业成功的障碍。

没有人可以推诿，困难全要自己面对，错误都要自己承担。

是的，就这么简单。

# 5. 最阻碍你跃迁的一个职场习惯

　　自己创业之后，在不断招聘的过程中，在不断跟同事交流的过程中，我常常在心里问自己"如果我还在职场奋斗，我会怎样更快地升职加薪"，我问自己这个问题的目的很简单，找到这个问题的答案，我就能找到进步最快、贡献最大、我最想雇的那种人了。

　　福尔摩斯有一个思考模型，就是"排除一切不可能的情况，剩下的，不管多难以置信，那都是事实"。

　　所以，想要找到更快升职加薪的秘诀，有一个方法就是寻找那些最糟糕的职场习惯。

　　是什么呢？我想了很久。

　　答案是：发多少钱，就干多少事。

　　职场中有很多人用薪水来定义自己的价值，内心基本的潜台词就是"老板就发我这点钱，我就只能干这些事，别指望我干更多"。虽然我现在觉得这是个糟糕的职场习惯，但是早年职场生涯中我也有这种想法，我问过暖手同学，他也是一样。

　　这个想法错了吗？并没有！劳动力市场本来就是这样定价的，你价值多少，就找到一个愿意付给你这些价值报酬的老板，也许因为市场信息不对称，某些公司类似的职位薪水会高一些，但通过市场机制的调节，大致还是会趋向一个相对稳定的价格。市场经济就是这么个逻辑。

那么到底哪里出问题了？

关键在于时间轴，也就是说，公司在招聘时候付的薪水，大部分是符合某个人的市场价值的，但如果要"升职""加薪"，那就需要不断提高自己的价值，才有可能得到更高的薪水。

说真心话，先提升自己的价值，还是先得到更高的薪水，永远是一个先有鸡还是先有蛋的问题，大部分人直接的反应是"那你给了我更高的薪水，我自然可以对公司付出更大的价值啊"。可问题是，天下所有的老板都是不见兔子不撒鹰的吝啬鬼，在没有看到你的价值之前，怎么可能会给出更高的薪水呢？

所以，正确的职场态度应该是：想方设法提升自己的价值，然后寻找与自己价值相符合的薪水和岗位。

最近找到一本我很喜欢的讲工作和创业的书，名叫《简单思考》，是Line 的前任 CEO 森川亮写的。看这本书的感觉很奇怪，他书中所说的基本上我都懂，大部分也都在做，不过，我虽然遵从本心在工作和创业中贯穿了这些原则，但是对这些原则的正确性并没有太大的信心。因此当我看到这本书的时候，当我看到一个迅速崛起的互联网帝国 Line 的缔造者在工作和创业中也贯穿着跟我一样的原则的时候，我内心的欣喜是不言而喻的。

森川亮在书中讲了一段亲身经历。他大学毕业直接进了日本电视放送网，这是人人羡慕的工作。他本来想从事跟音乐相关的制作，没想到被分配到计算机部门，全在做幕后工作。消沉了半年之后，他决定既然干了就好好干吧，于是努力学习计算机知识，工作能力不断提高，以至于各个部门的人都找他来帮忙。

互联网学成后，他并没有取得上司的同意，就自己弄了个内部的"互联网服务提供商"。因为这个内容跟电视台的本业有一些冲突，所以提出辞职，想出去找专门做互联网的公司。在此之前日本电视放送网还没有过辞职的人，这在公司内部引起了轰动。就在离职的前三天，上司把他叫去，说，我们研究了一下，专门设立了一个网络商务的部门，你来负责好了。

森川亮因此感慨道：工作并非旁人给予之物，而是自己创造之物，这才是工作的根本。

试想一下，如果森川亮当时奉行的是"公司给我多少钱，我就干多少事"的原则，首先，他可能在岗位上疲软消极，因为计算机部门根本不是他想做的工作。其次，就算做了本职工作，他也不会异想天开在内部做"互联网服务提供商"这样的新项目，因为这个与电视台的主业有矛盾，那他根本不可能在职场上有所提升，也更不可能延续他的互联网之路，一直到做出令人惊艳的 Line 了。

"给多少钱干多少事"，本质上就是给自己设置了一个天花板，几乎是变相承认"我就只值这些钱"，把自己价值的可能性全部抹杀了。而正确的方法应该是不断思考"怎么才能把事情做得更好""怎么才能给公司带来更多的价值"，当然同时也需要思考"这是不是我最喜欢的工作"，这样才有可能不断提升自己的价值，而这种价值，最终市场经济是一定会给予合理回报的。正如我一直跟入职的新同事说，我们公司给的不会是行业最高的薪水，不过我可以给予你更多的发展空间和学习机会，当你觉得你的价值已经超过了你目前的薪水的时候，随时可以来找我谈加薪。

大部分老板虽然是吝啬鬼，不过大部分老板也确实都是精明的商人，绝对会精确计算到底加薪把你留下来合算还是外面再找一个合算。当然，退一万步说，就算你遇上一个笨老板，那么只要你的价值提升了，你总能在市场上找到符合你价值的价格的。

　　毕竟，在这个世界上，能够决定你自己价值的，只有你自己。

# 6. 如何跨部门跳槽

在这个快速发展的时代里，虽然身处 A 行业，但是好想去 B 行业工作的例子简直数不胜数。以下是一封典型的来信。

水湄姐：

省略各种客气的寒暄三百字。

我在天津一家国企化工设计院工作，做工程设计，工作两年了。其实这是我本科毕业时的目标，然后为此读了三年的研究生，但读完研究生发现，这种技术类的工作并不适合我，毕业找工作时确实迷茫了一阵，只晓得自己非常想去上海的外企，想去那种优秀人才聚集的地方，想让自己也变成有阅历、目标明确、抓住机会行动的人，并且通过工作上的努力积攒实力，最后谁晓得自己能做出何种成就呢。

这时候不出现个 BUT 您肯定都觉得失望，是的，但我最后签下了这个业内 TOP 的化工设计院，原因很多，但现在并不重要了，重要的是我放弃了其他可能、恐惧和希望，来到了这里。我或许希望能通过这段较好的履历重新回到我所希望的轨道上来。在工作的同时，我和您当年做公务员时一样，知道自己不属于这里，但又没有特别明确的目标，就是东学学西学学，一直停不下来，我去年九月开始学习长投课程，今年三月终于进入了长投圈，算是没有荒废这段时间吧。现在我已经工作两年了，我觉得是我该离开的时候了，我想实现毕业时的想法，读到这里您应该会会心一笑吧，总算有点勇气。

第二个 BUT 来了，不过不用担心，这个问题不算严重，只是最近频频受挫，我自己在反思，但也希望能得到您的帮助，毕竟我的社会阅历不多，只是从个人角度出发考虑事情。近来我狂投简历，但都杳无音信，留下联系方式的，我去询问，发现人家根本就不愿意雇用我这样背景的人。

首先，年龄因素，未婚未育。其次，要转换城市，风险更高。最后，人家看不上的就是工作背景和学历背景。因为我不想再找技术类的工作，怕再次被定型以后想转型就更难了，所以基本上依托化工这个背景，寻找化工企业内部其他岗位的工作，比如技术支持或化工贸易，又或者是化工相关的前期咨询工作等，毕竟长投课程的学习让我多少入了点门路。但在 HR 看来，我根本不知道自己想要什么，读了研究生结果又不做技术，还要换城市，总之是各种嫌弃。

水湄姐，在 HR 说这些的时候我真的无力反驳，他们说的问题我都承认。虽然我知道我要走的路有点难，自己走到这一步也做了很多努力，鼓足了勇气，但我也知道企业根本就不会在意这些。

可是不管他们怎么说，我也要朝着我的目标前进啊，我不能待在原地啊。现在这个节骨眼儿确实是很尴尬，我也好着急，再不走，我的新城市、新生活何时才能开始呢。水湄姐，作为过来人，面对 HR 的顾虑，您有什么好的解决之道吗？

痛苦又坚持着的 ## 君


邮件有点长，总结一下：研究生毕业两年，在天津的化工设计院做设计，现在不想做设计，想做化工行业的技术、贸易或咨询工作，而且想转换城市工作。被 HR 说不可能，因为跨了部门又要跨城市。

呃，到这里我必须要说，语言简洁很重要啊。

*痛苦又坚持着的 ## 君：*

虚的我不想多说了，给一点我觉得可能会有用的建议。

第一，不要一次挑战极限，一点一点改变。比如你同时挑战转换城市和转换工作类型，难度就有点高，那不妨就先转换城市，然后再考虑转换工作类型，或者相反。这样阻力会小一些。

第二，转换工作类型，其实涉及一个转行的问题，有一个很必要的条件，就是你需要把薪酬标准放得低一点。同样的薪酬，人家当然愿意用有经验的，但是如果你要价更低一些，那就会比较有竞争力。等你转换过岗位了，也证明你确实能胜任了，届时跳槽就会恢复正常的薪酬的。

第三，还有一种方法就是寻求适当的兼职。比如你说到希望做化工相关的前期咨询，如果是我的话，我就找一个公司，说我免费帮你们干活，好歹我也有点相关经验，也愿意干，你们给个机会吧。等积累了相关经验，你就容易跳槽了。

这三个方法，你看看会不会有用。

走与别人不同的道路，会比较艰辛，也会有很多困难，但只要这是你想要的，我相信，你一定会看到不一样的风景！

水湄

## 君遇见的就是典型的跨部门问题，我觉得跨部门其实比跨行业还要难一些。举例说，如果你是做财务的，那么从化工行业跳到货运行业，

虽然会有难度，但是基本技能不变。但是，虽然同在化工行业，做设计跟做贸易则需要完全不同的技能。不过总体来说，跨行业、跨部门跳槽（甚至连毕业找工作）的基本技巧都差不多，我觉得下面这一套逻辑能用得上。

**（1）当然是动力问题**

动力问题是怎么强调都不为过的。你为什么要跨行业（部门）跳槽？是为了去的那个行业薪水更高吗？那你要问问自己是不是能够承受与高薪相匹配的高压力？是为了喜欢那个行业吗？那你更要问问自己，你喜欢的是不是表面的风光。比如很多人都会喜欢旅游节目的主持人，能到处游山玩水、品尝美食。可是你试试按照摄影师的要求，在没有安全绳的情况下，站在大风呼啸的悬崖顶端介绍风景。试试美食当前，却只能尝一小口，然后抬起头来解释半天，NG，再来，NG，再来……十几遍后，美食已经凉了，你也饥肠辘辘。任何一个行业、一个工作都是有苦有乐，传说中的"干一行怨一行"不是完全没有道理的。想清楚你为什么要跳槽，总比跳槽后再后悔要值得。

除了自己想，还要找行业内的人多聊聊，每个身处这个行业的人都会有一肚子的苦水要倾倒。

当然，如果你全部了解后，还是很想跳槽，那更好，坚定信心非常重要，因为你会遇见很多困难。

**（2）积累这个行业的经验，展现热情**

这一点最为重要的。新岗位不待见你，猎头觉得你跳槽无可能，就是因为你没有这个行业的技能和经验。企业招聘你来是为了干活的，如果你什么工作经验都没有，企业除了给你薪水，还要增加培训的支出，企业毕竟不是慈善机构啊。

如何积累工作经验呢，举几个例子。

【例1】去相关企业做"免费兼职"（高举"免费"大旗，相信还是很容易找到相关工作的）。通过这份兼职，逐渐学习工作方法、积累技能。到时候跳槽，就有一大堆相关背景可以填。如果确实工作出色的话，无论是兼职的公司还是相关客户，可能直接就招聘你了。

【例2】我们这儿来了一个香港大学的实习生，跟我聊天时说起想去做食品的快消行业，最好就是可口可乐这种。她未来要当CEO，我跟她说这种行业的CEO一般都是营销部门或财务部门升上去的，所以她打算进营销部门。她才大二，下个学期去德国做交换生。我给她一个建议，接下来你所有科目的作业，都拿可口可乐做例子。比如市场营销，你调研香港市场和德国市场的营销方法有什么异同；战略课，你就研究可口可乐在市场战略上有哪些变化；财务课，你就拿可口可乐的财报来分析。当然，同时寻找快消行业，或者市场营销相关的实习经验，等你毕业的时候，把这些材料都总结下，那么无论是可口可乐、百事可乐，还是其他快消公司，至少对你的"执着"和"努力"都会有深刻的印象。

（这个案例是给完全没有工作经验的学生们的建议，除了实习，能够结合你所学的科目去实际分析一些公司，一方面可以展示你有一定的"行业经验"，当然更重要的是表达你的"执着"和"努力"，这两点也是公司在招聘的时候非常看重的内容。）

基本的原则就是，通过"实习""兼职""项目"等，积累目标行业（部门）的经验，这样应聘的时候，你就不是一穷二白的状况了。

另外，第2点之所以非常重要，除了"积累经验"之外，很大的作用还在于"展现热情"。

什么是"展现热情"？一般去面试的人，都会说"我非常喜欢你们公司，很喜欢这个行业和这份工作，我会非常努力学习的。"

这时候面试官就会想"口说无凭"。

如果你说的是"我非常喜欢你们公司，我之前查找了很多你们公司的资料，我读书时所有的作业都是以你们公司为例【例2】"，或者是"我非常喜欢这个行业，虽然我之前不是从事这个行业的，但是我利用业余时间在这个行业兼职了一年多，做了三个项目，收获很大，也坚定了我从事这个行业的信心【例1】"。

这样，面试官就会想"呃，他为了这份工作蛮努力的，这样的努力，以后在工作中也非常有用，技能都可以学的，不妨试试他"。


**（3）放低标准**

跨行业跳槽的最大问题在于这个人仍然把自己放在很高的位置。比如说，我已经工作三年了，薪水从4000元涨到8000元，那么我去新的地方工作，总不能低于8000元吧。

错了，你去新的地方工作，即便是你通过"兼职"和"实习"积累了一定的经验，但那个经验也无法完全移植到新的工作上。因为，你其实是跟刚毕业的大学生站到了同一起跑线上，所以你要求的薪水只能是4000元，甚至更低（因为你需要这个起点）才有可能得到这个机会。

对于这一点，很多人心理上是难以接受的。但说实话，这是跨行业跳槽必须付出的代价。我是MBA毕业后去的咨询公司，但是只比大学毕业生评级高出一年，薪水只高了几千元，接受还是不接受？当时我确实想去咨询公司，我喜欢那个快速学习、快速成长的氛围，因此我选择了接受。后来，我通过努力，成长的速度还是要比别人快。

跨行业跳槽、创业，都有可能有一个更高、更大的平台，但是很多人仅仅因为无法接受收入短暂下滑，就放弃了这样的机会，不得不说是遗憾的。所以，想清楚，你跨行业跳槽的目的和动力到底是什么？

# 7. ▌ 工作上经常犯错，为什么老板却一直夸我

有一段时间，嘟嘟似乎进入了专家所说的"完美敏感期"。比如把饼干拿在手里，翻来覆去看就是不吃，我凑上去"啊呜"咬了一口，他立即发飙生气。

我还挺莫名其妙的，不就是咬了一口你的饼干嘛，又不是第一次。

有时候指正他一点小事，比如玩牙刷把牙膏掉水池里。我肯定不是批评的口气，就事论事说你牙膏又掉水池里了，他转过头，一脸委屈地看着我："妈妈我又错了吗？"

"什么错不错的，不就是把牙膏掉水池里了，小事情"。

结果他持续伤了好一会儿，自言自语道："我错了，我永远也做不好了。"

真是戏多啊！

没想到去公司也能遇见嘟嘟的同类。

跟一位同事谈论工作，指出他目前工作上的一些问题。过了几天听其他同事说，跟我谈完他很沮丧，觉得自己"不行了""辜负水湄姐的期望""不适合这份工作"。

这位同事是长投的老用户，为了来长投，从工作了多年的国企辞职，

到上海工作。为此差点跟父母闹翻。

可是在国企工作过一段时间的他，有一个比较严重的毛病，万事追求完整和完美，由此产生的问题就是顾虑多，因此很难有创新的想法，另外工作推进速度比较慢。

于是，我给了他一个药方——鼓励自己经常犯错！

听上去很不符合常理，做老板的希望自己的员工经常犯错，是不是脑子有问题啊？

有些岗位当然不能允许经常犯错，比如财务部。但有些岗位，比如他所在的营销部，是应该要多犯点错的。

《精益创业》一书中最重要的观点就是"小成本试错"。就是鼓励创业者用最小的成本去尝试各种创业想法。


小成本试错，有三个关键词。

第一，成本要尽量小。这个成本可能是金钱，也可能是时间。

传统的创业方式大多是时间长、投入多。比如做一件衣服，先要买地造厂，引进流水线，雇用和培训工人，然后打版制作……流程非常长。

但是面临一个很大的问题就是，万一这衣服根本不受用户喜欢呢？所以"精益创业"的方式建议，你可以选择借别人的流水线生产衣服，迅速投放市场，看用户的反馈。

第二，"试"，也就是要去做。

这就是执行力！快速执行也是我在创业中最深刻的感受之一。再好的理论都只存在于理论，不能转化为金钱。战略再优秀、商业模式再出众，仍然需要"做"。

就像很多人问我怎么学习长投的投资课程，我的建议都是，准备一小笔资金，一边学投资，一边做投资。

实践会告诉你很多课本上无法得知的事。

第三，这也是大家经常忽略的一点，那就是"错"。

小成本也好，执行力也好，最终的落脚点是"错"。也就是"精益创业"这种成功概率很高的创业方法，默认创业者是经常会出错的，而不是永远正确的。

只有通过试错，你才会知道哪些路走不通；只有通过对错的反思，你才能找到正确的道路。

我说的错误，不是老板让你写一篇文章，错别字连篇的错；也不是老板让你去火车站接客户，你去了飞机场的那种错。

我说的错误，是你并不知道哪种营销方式可以奏效，但是你勇于去尝试，勇于去犯错，然后在犯错之后不断总结、不断改进的那种错误。


对于个人成长来说，这个方法一样适用。

比如双胞胎一周岁，开始学走路了。刚开始的时候，站不稳，不能控制重心，经常左右大幅度摇晃，最后一屁股坐在地上。

不会有一个孩子，会因为学走路犯了错，从此就放弃学走路的。

也不会有一个孩子，因为学走路犯了错，就说我不适合做宝宝，我辜负了妈妈对我的信任。

所有学步阶段的孩子，对错误本身有着非常明确的认识，那就是反复尝试，每次改进一点点，可能是扶着椅子，可能是高举双手，通过不断的尝试，找到最后成功的方法。

回到那位同事身上，在国企工作的几年，让他不敢犯错，不敢尝试。一旦犯错，又会把原因放得无限大（我没有能力，我不适合做这个工作）。

其实解决方法也很简单，小成本试错：首先，要接受自己是可以犯错的，犯错不是品德不好，不是能力不足。其次，要有快速执行的能力，尽快地知道自己到底是错是对。最后，就是要控制试验的投入，把可能犯错的影响控制在最小。

一个人在职场上，可能面临两条道路：一条是安全，尽量不要犯错，不要被老板骂；另一条是尽量去尝试各种方法，可能犯很多错，但最终你会找到更好的工作路径。也就是说，虽然刚开始被老板骂，但最终会提升自己的能力，以及给公司带来更大的价值。

哪条道路更有前途，一望便知。

## 8. 自我驱动力

我曾经有两位下属小伙伴：一位是名校本科毕业，另一位是普通学校大专毕业。有一次我所在的 NGO 举办完一场大型活动，需要收集媒体报道的资料，那位名校毕业生，去附近找了两个报刊亭，回来双手一摊说"我问了，那份报纸都卖完了"。我大发雷霆，说："你至少给我找十家报刊亭，或者去网上征集，或者直接去报社要，总之你给我搞定这件事。"结果他到第四家报刊亭的时候，就找到了。

那位大专毕业生，也是在一次大型活动前夕，那时候还没有微信，各种通知都是通过短信服务器统一发送。可是那次短信服务器瘫痪了，短时间内没法修好。其实我们之前邮件和电话也都通知过与会人员了，短信不发问题也不大。结果那个小伙伴硬是对照通讯录，用自己的手机，把 200 多人的通知短信全发了。

有些管理类书籍中管这个叫"执行力"。但在我看来，这是每个人做事的动机不同，或者可以称为自我驱动力。

我被招聘过，也招聘过不少人。当过员工，也做过老板。所以两者的心态我都能揣摩一点。从上司和老板的角度来说，我愿意把招聘名额的 100%，用于招聘具有自我驱动力的人。

有些人工作是为了老板给他的钱，有些人则是为了自己而工作。具有自我驱动力的人，是后者。

做老板的，就是要让你用最少的钱，干最多的活儿；而做员工的，则希望干最少的活儿，拿最多的钱。这两者都不可能实现，所以最后达到的，肯定是双方博弈的一个中间平衡点。

这个平衡点如何破，最好的办法就是，你多干一点，多增加自己的价值。这样，你对老板的价值更大，聪明的老板就会多给一些钱。或者，至少，你可以再去寻找愿意出价更高的老板。

社会永远不会埋没一个人真正的价值，当你价值增长的时候，你可以选择要老板加薪，或者跳槽。所以，你的工作，不是为你的老板，也不是为薪水，而是为自己的价值增值，这是谁也夺不走的东西。这种工作出发点根本性的不同，在我看来就是自我驱动力的真正表现。

下面讲一下我的自我驱动力是怎么形成的吧。

我刚工作的时候经常被上司骂，说你这么粗心怎么办？后来才明白，粗心就是自我驱动力弱，觉得这事差不多就行了，何必这么吹毛求疵。

直到现在，自己来负责一项大型活动的时候，才明白纠结这些细节的可贵。组织活动永远是"不完美任务"，任何一场大型活动，在旁观者眼中光鲜亮丽，但在组织者眼中，总是漏洞百出，只能说是在事先尽可能想到所有的可能性，做好最充分的准备，哪怕是很小的细节也不要放过，这样才有可能有惊无险地度过。

我有一位师兄去应聘一家很著名的投资银行，他说了一堆，最后说"虽然有些事情最后失败了，但是我学到了很多东西"。结果招聘的人告诉他："作为公司，我们永远是结果导向型，无论过程有多么美妙，无论你多么努力，只要结果是失败的，或者是错误的，那你那些努力就是白费的。"

这句话我当时不太理解，但是一直记得很牢。现在一路走来，每次想起来都觉得回味无穷。

上面说到，自我驱动力从某一个维度，表现的是"对自己负责"，而不是对"老板或者薪水负责"。那现在我们来讲另外一个维度，就是"对结果负责"。

一项工作分派下去，老板要的就是"做完，最好是做好"，只要没做完，无论什么理由，结果只有一个，就是"工作没做好"。

我在读 MBA 时的第一个实习是去 B 咨询公司，接的第一个项目是雪铁龙。欧洲同学想要把部分零配件外包给便宜的发展中国家，法国同事会做所谓的战略咨询，而中国同事，做的是在中国地区寻找符合客户要求的外包公司。

我作为一个小实习生，要做的就是找行业内最好的前几家公司，然后给公司老总打电话，说我们代表雪铁龙，要来考察你的资质，你们符合要求的话，就能给雪铁龙供货了。

找公司不难，找公司的联系方式也不难，可是有一个难题，就是——我没办法让公司前台给我转老总的电话。阎王好骗小鬼难缠，你一个陌生电话指明要找老总，还说给雪铁龙公司供货，不是骗子是啥。

开始的时候，我每天打 50 个电话，但是能找到老总的概率几乎为零。我很沮丧，去找当时的顶头上司，上司就给我一句"自己搞定"。我几乎要委屈落泪了，心想我这么个小实习生，你公司又不给任何资源，我怎么可能搞定？！

回头来说，这个时候我已经不同了，因为我在读 MBA 期间第一次创业，创业的经历让我逐步变成一个具有自我驱动力的人。道理很简单，创业这玩意儿，你只能对自己负责，客户不来付钱，你跟谁哭诉去？你跟谁抱怨去？全部要自己搞定！

创业这件事让我明白"没有借口，结果就是一切"。

所以我想办法解决了这件事。我打电话给前台，说英语，前台立刻就慌了，刚想找人来应付我。我就改用不标准的普通话抱歉地说："我的中文还不太好，大概是这么一件事，雪铁龙……"这招屡试不爽，不知道为什么，所有公司前台就是对"英文"和"不标准的普通话"特别买账，就算不能直接转到老总的电话，也会转到相关业务负责人手上。接下来的事就好办多了，很少有业务负责人会放弃一个大业务的机会。我每天打50个电话，平均能搞定3~5家公司。给上司汇报之后，上司又给了我一句话："毕业后如果我们有招聘名额，希望你能来投简历。"

# 9. 如何像 CEO 一样思考人生

每周四下午长投都会安排公司内部培训，有时讲代码怎么写，有时讲营销怎么做，也有时讲游戏化思维、时间管理等。

上次暖手同学讲的是"中国会不会发生金融危机"，当中讲到 1998 年金融危机的时候，各国的应对。

例如马来西亚为了应对金融危机，宣布外国人兑换林吉特必须通过中央银行，外资基金在股市投资需持股一年后才能将股票变现汇出国境。

用通俗的话来说就是实行外汇管制，在此期间不允许外国人和外国资金把资金汇出马来西亚。

虽然这些措施当时在一定程度上遏制了林吉特的大幅贬值趋势（比泰铢贬值幅度小），但由于做法近乎耍无赖，金融危机过后，外资纷纷表示不再信任这个国家。因此后金融危机时代，马来西亚的外商投资金额和经济发展就大大不如泰国等国家。

我听得脑洞大开，穷人"马来三"，因为向土豪"美大国"借了很多钱（美元外债），还不出来，耍赖说现在不还明年还。而且还时的价格比你借给我的时候低（本币贬值）。

哦，既然国家行为可以类比成个人的行为，那么假设我们个人是一个公司呢？

仔细一想，一个人跟一个公司确实还挺像的。一个公司，需要一些资源（资本、人力），通过市场定位来产生价值，从而盈利（或亏损）。一个人，也需要一些资源（金钱、时间），通过市场定位（职业定位）来产生价值，最终越来越有价值，或者相反。

如果说一个人就是一个公司的话，那么我们自己，当然是这个公司的决策者——CEO，作为CEO，应该如何使"自己"这个公司的价值不断提升呢？

CEO要思考的4个问题：

### （1）公司的目标是什么

一个CEO首先应该解决的问题就是，这个公司的目标是什么？公司的长期目标是什么？中期、短期的目标又是什么？

用一些耳熟能详的词语来替换，更容易理解。例如"公司长期目标"换成"人生梦想"，"公司短期目标"换成"年度计划"。

总而言之，要好好想想，要增加"自己"这个公司的价值，要往哪个方向走。

### （2）投入产出比

公司的CEO，每年、每季度、每月，甚至每周都要看看财务报表。看挣钱了还是亏钱了。简而言之，看投入的这些资源（都可以换算成钱）都产出了什么。

对于个人来说，要自我检查一下，投入的时间有没有真正转化为"自己"这个公司的价值，有没有变成库存和坏账。例如，辛辛苦苦学了3年的英语，但只是背单词、学语法，既没有看过一篇对工作有用的英文文献，也没有在工作场合中运用过，那么这种时间和金钱的投入就是坏账（没用）和库存（不知什么时候有用）。

### （3）直面问题的勇气

一位真正的CEO，要敢于反省自己犯下的错误，并且要有足够的勇气面对未来可能遇见的困难。

例如巴菲特在2017年《致股东信》中，就坦言他自己过去犯过的不少错误。例如1993年时他花了4.34亿美元收购Dexter Shoe，然而这家公司的价值迅速归零。

作为"自己"这家公司的CEO，你也应该思考曾经做过哪些对公司不利的决策，并想办法在未来不重蹈覆辙。

### （4）思考未来的机遇和挑战

作为一家公司的CEO，仅仅完成当年的业绩是远远不够的。要考虑到未来更长的时间。比如作为线上电商的领先者，亚马逊却开始布局线下书店和无人超市。

那么作为"自己"公司的CEO，你也需要考虑很多，在未来的市场上，"自己"这个公司的竞争力到底在哪里？是不是需要提前布局？例如学一些相关的内容，参与一些未来有竞争力的项目等，这样才可能使"自己"这个公司的价值不断得到提升。

这是一次脑洞大开的思考，就像玩一个经营类游戏，在这种思维角度下，你不仅可以全面审视经营"自己"这个公司所要面对的机遇和挑战，还可以通过这样的类比更了解公司经营的各个方面。

# 10. 35 岁？恭喜你，你"被退休"了

### （1）"被退休"的恐惧

在长投学堂学习的很多人，都拥有这样一个梦想：35 岁或 40 岁实现财富自由，让自己的钱为自己工作来赚钱，然后可以直接退休了。

但与之相对的是，钱还没赚够，自己就"被退休"了。

最近一则 IBM 的新闻刷遍了朋友圈，据有关报道，老牌福利企业 IBM 通过各种方式，在过去 5 年中，偷偷裁撤了 2 万名 40 岁以上的员工，占被裁撤员工总人数的 60% 以上。

对这种新闻我们应该不陌生，毕竟，在 2017 年还有华为的裁员消息，而且更狠。华为要裁掉的，是 34 岁以上的运营维护人员，因为他们的工作大部分会被自动化软件取代。

听到这样的新闻，大约所有 30 岁 + 的人内心都是恐慌的，毕竟，年龄是不可逆的！

### （2）你，是会被机器替代的那一个吗？

万维钢有一篇叫《美国的中年人》的文章，分享了他在美国认识的那些中年人：

有超过 70 岁而且还得了帕金森综合征的物理学家，一直奋斗在教学

和科研的第一线，一直到死，都是一线物理学家；

有在 IBM 工作的 60 多岁的工程师，虽然没有用过 Kindle 之类的电子设备，但谈到专业技术的时候，谈的都是最新的技术和发现；

万维钢老师有个邻居，50 多岁了还在搞技术发明，准备创业；

还有一个中年的中学老师，被查出癌症之后不得不停止工作，但癌症治疗好了后重入职场，这次不当中学老师了，变成了一个大公司的职业经理人。

......

其实真正被裁员的，并不是被媒体大肆宣扬的"高龄员工"，毕竟，也有不少年轻员工被裁撤。华为的案例中，是要裁撤那些"未来会被自动化软件取代的人"。而在 IBM 的案例中，记者描述的是，"在快速变化的经济体中，雇主总是倾向于用善于接受新事物的员工取代风格固化的员工"。

我们都很清楚，企业并不是慈善机构，企业必须面对市场的变化——尤其在互联网经济时代。而在这种环境下，无法帮助企业适应变化的人，自然不会是企业需要的人。

很多人都责怪华为和 IBM 冷血，但职业市场是残酷的，公司会为你"现在"和"未来"的价值付出薪水（期权承诺就是为未来价值付的），而不会为你"过去"的价值付出薪水。

其实不仅仅是公司，你的朋友和爱人也不会过多为你的过去付出代价。

一个老是翻出"我过去对你有多好"的老友是可厌的，而那些抱着"我以前那么爱你、为你牺牲"的女人和男人终将会被抛弃。就连我们的孩子，长大成人之后也会鄙视"你看妈妈过去为你牺牲多少"的言论。

**（3）如何避免中年危机？**

中年人的路就此断了吗？

不，我不这么认为。正如万维钢老师在那篇《美国的中年人》文章中所说的，避免中年油腻的不二法则是永远保持激情，永远奋斗在第一线，永远把自己当作新知而不是摆老资格。

讲一个小细节，五一假期，长投在新搬的公司一楼大厅（可容纳 200 人）举办线下活动。

第一天早上我带着三个娃去凑热闹，坐在最后一排听用户们做自我介绍。我敏感地发现，由于租借的投影幕布是落地的，前面几排用户可以很清楚地看到投影的 PPT，而后面几排的用户因为前面人群的遮挡，根本无法看到下面。于是我请同事把投影仪抬高，把 PPT 投影在幕布的上半部分，保证在场的人都能看到。

事后我想，这种对现场活动的敏感度是哪里来的呢？回忆起来应该是大学刚毕业在政府团委工作的时候，经常组织线下活动，大量经验累积的对细节的敏感度。

同样的例子还有，我虽然不是平面设计出身，但因为之前有一份工作，旗下有一本杂志，经常跟主编讨论杂志排版，所以现在会给设计和 UI 提一些排版和视觉上的建议。

讲这个例子的意思是，中年人的经验是宝贵的，这些要靠大量时间堆砌的经验，很可能在后来的工作中发挥巨大的作用。

前不久美国有一家波音客机起飞不久，左侧发动机爆炸了，但 56 岁的女机长塔米·舒尔茨只用一个发动机又飞了 40 分钟，迫降，最后只有 1 人死亡，7 人受伤，挽救了飞机上绝大多数人的性命。而这位 56 岁的女机长在开民航飞机之前在空军服役多年，开的是战斗机。那种军队培养出来的临危不乱的精神，才让她后来的职业中迸发了光辉。

所以，中年本身并不可怕。可怕的是不肯拥抱改变的环境、是固化的经验、是倚老卖老的情绪。

毕竟，这已经不是工业时代，在迅速变化的互联网经济时代，只有最能直面变化的人，才能得到市场最大的价值认可。

当然，如果你手里有钱，又懂得理财知识，那自然不惧怕在 35 岁的时候"被退休"了。

# 11. 30年后，你最后悔的是没有学习这种知识

## （1）没有白栽过的坑

最近经常感慨，没有白栽过的坑。有时候觉得以前做错的事，白学的功夫，到后来都会发现有非凡的用处。

有一个心理咨询师说，人生的每一个苦难都是一个礼盒，越深重的困难里面的礼物越丰厚。大概也是这个道理。

我读MBA的时候，财务的成绩最差，财务分析还差点挂了科，没料到公司里我分管财务（其他两个股东可够大胆的）。还有两门课成绩不错，一门是市场营销，没料到创业了我也分管营销部门。最后一门无用之学，叫作战略。

## （2）对战略的深刻理解

不过现在看来，没有白栽的坑，没有白吃的苦。这些经历让我对"战略"两个字有了更深的理解。

啥叫战略？企业为什么需要战略？企业不是挣钱就好了吗？大家恐怕会有这样的疑问。

企业是需要战略的，读MBA最常讲的一个例子是当年的西南航空（不了解的人可以替换成春秋航空）。

机票价格低廉就是它最好的手段，但这可不是浪费风险投资的钱，这是一系列产品和流程的组成。

机票价格低廉锁定的对价格敏感的用户，然后不提供机上餐饮，限定携带行李的重量，飞行时间大多半夜，以及通过各种增值服务来增加利润。

竞争对手如果想要模仿，就需要完全颠覆现有的流程，这几乎是不可能的。

这个例子不好理解的话我再举个小例子。

假设你有一款奶茶，专为6岁儿童设计的，这是你的基本战略。

根据这个战略，首先，在产品上，你要打消父母的疑虑，可以提出这个奶茶的奶和茶都是天然有机的有益健康，某种添加物还有助于提升儿童的智力发育。

其次，在广告上，可以特别精准。比如在各大商场的儿童乐园门口提供试吃（儿童乐园那帮玩得精疲力竭的小朋友一定是你最好的销售员）。投放母婴类网站的广告。

这样，相对于其他类别的奶茶，能把有限的资源集中使用，获得更高的回报。然后，在不同领域资源聚焦，就能帮助这个企业形成真正的战略优势。

比如，你常年在各个商场打广告，可能可以拿到商场的优惠价格，降低成本。销售员跟保安也很熟，可以提前铺货等。甚至儿童乐园的保洁员，也可能因为拿了几罐奶茶的好处帮你做了免费宣传。竞争对手除非投入大量资金，一般很难打破你的竞争壁垒。

对个人有意义吗？

在《30岁前的每一天》这本书里，我一开始就讲过一个案例，假设你每个月有50万元的被动收入和充分的时间，你会选择做什么。这当然可以算是梦想，但从某个角度来说，也是你的人生战略。

战略可以帮助资源聚焦，个人的资源是什么？时间和金钱！

如果你的人生梦想是登上珠穆朗玛峰，那么你每天练习游泳就没有意义。如果你打算成为冲浪高手，那么练习厨艺也没有意义，这就叫聚焦。

如果确实暂时找不到人生梦想怎么办？

没事，至少先聚焦一个小目标，把时间和精力尽可能多地花在上面。

回想我的经历，战略几乎是我初学时感觉最虚无但现在看来是最有帮助的一种知识了，它让我了解到，人生无涯，唯有目标精准，才能聚焦能量！

如果年轻，就对未来好好做一番规划，然后聚焦现在所有的资源和能量，才有可能达到一个高度。

否则，30 年后，你最后悔的一定是，没有看我写的文章。

## Part 4

财富不是金钱本身而是思维方式

# 1. 成功人生的三个维度

**（1）身体好**

曾经有一个儿童专家跟我普及，科学证明运动对幼儿智力发展有很大的作用。我看不懂那些冗长的研究报告，我只知道，在成人的世界里，在职业生涯中，"身体好"这简单的三个字有多么重要。

Deadline 迫近，同事们一起加班，身体不好的直接倒下。

学习新技能，需要大量时间，身体不好的，只能放弃。

感冒了，身体不好的迟迟不能恢复，机会都被身体好的抢走了。

你见过一个公司 CEO 病恹恹的吗？你见过创业者三天感冒、两天咳嗽的吗？

**（2）毅力**

我看过一个 TED 演讲：《智商是成功的关键？错了，毅力才是》。演讲者说大量数据表明，先天聪不聪明，远没有你是否有毅力来得重要。

还记得那句流传很广的话吗？"以大多数人的努力程度之低，根本轮不到拼天赋"，说的是同样的道理。

举例来说。

A 同学和 B 同学一起学钢琴。A 同学天资聪颖，进步神速，毫无困难就直接冲到三级，可是遇到出了名难的某协奏曲，好久都没办法进步。A便觉得钢琴不适合自己，要不还是换小提琴练吧。B同学足足比A同学多花了一倍的时间才到三级，也遇到那个很难的协奏曲，怎么办啊，练呗。B又练了两个月，还是没有进步，怎么办啊，接着练呗。咬咬牙，时间长了也就练会了。

### （3）眼界

视野开阔是很重要的事。

中国第一批互联网创业者大部分是海归派，因为当时在中国还没有互联网这回事。虽然后来有腾讯等大批国内的创业者，但究其源头，很多还是国外产品的山寨货。如果当年小马哥（马化腾）从不使用ICQ，那又哪里有QQ的灵感呢。

俗语说"眼高手低"，是贬义词，但我一位做画廊的朋友跟我说，做人就是应该"眼高手低"，行动力是天然低于眼界的，最多也只能打平而已。

所以眼界越高，行动力才有提升的可能性。

一个画廊经营者，如果没有看过足够多的作品来开阔眼界，那么就很容易被蒙蔽，解决之道，唯有不断开阔眼界。

眼界有多种表现形式，这种专业深度的眼界是一种，类似跨界思维是另外一种。举例来说，伯克希尔·哈撒韦的副董事长，伟大的查理·芒格提出，要进行多元化思维。他所处的投资行业要动用的不仅仅是经济学的思维，还有心理学、数学等多个领域的思维模式。

其实大部分人在知道自己大学专业的那一刻起眼界已经被束缚住。大家在努力学习本专业知识的同时，也不断地用本专业的知识来限制自己的眼界。

我想起《创业维艰》的作者本·霍洛维茨说他幼时就已经感受到了不同群体的这种思维隔阂。他说他数学不错，同时也是橄榄球队队员。

视角的不同会令世界上所有重大事件的意义彻底发生改变。

当 Run-D.M.C 乐队的单曲《Hard Times》发行时，其强劲的低音鼓节奏在橄榄球队中引发了巨大的反响，但在微积分课上，却连一丝涟漪都没有泛起；对于罗纳德·里根基础技术尚不完善的战略防御计划，学校里的年轻科学家们极度愤慨，但对此，橄榄球队里却无人理睬。

本·霍洛维茨说在他成年后担任企业 CEO，这种思维带给他很多好处，当一件事似乎山穷水尽时，他就试着从截然不同的角度去理解，拓展自己思维的可能性。

眼界是高度，体力是长度，毅力是深度，有了这三个维度，人生就不会太差。

## 2. 拥有这种思维，你也能成为富人

我在创建长投学堂之前，在一个 NGO 担任秘书长，听起来非营利组织似乎是穷人聚集的地方，实则不然，那是一个企业家协会组织。准确地说，是一个家族企业家二代的组织，用一句通俗的话来说，那是一个富二代组织，而且是中国最大的富二代组织。

不谦虚地说，我见过的富人比大部分人都要多。那个组织的入会门槛不断上升，一般来说，家庭资产低于 10 亿元的，基本连申请的资格都没有。

在那里工作时，经常有很多私人银行、财富管理公司和奢侈品牌的人来找我商谈合作。

按照普通人的理解，富人们的钱那么多，手指缝里随便漏一点就不少了，那么拿出几百万元甚至几千万元买基金股票、做理财、买奢侈品，不是很容易的事吗？

但我在那个组织干了六年，深切地感受到了，富人的钱真的很难赚。

富人思维与穷人思维有什么不同呢？

### （1）富人做决策很慢，穷人做决策很快

我记得有一个会员，家里是做制造业的，当年矿业投资很流行，很多富人都在国内买了小煤矿，所以他也想看看。

正好我们合作的一家私人银行，给他推荐了海外的矿业并购基金，他听了也很动心。我跟他还比较熟，所以每次见面都会问他"啥时候当上煤老板啊"，他每次都回答"再看看，再看看"。

那家私人银行的经理有一次还跟我抱怨，他个性也太纠结了，都两个多月了，还没决定。

同时，我那个会员不断让我给他推荐已经投资过煤矿或类似基金的其他会员，他会一个一个约他们聊。

这件事毕竟不是我的本职工作，后来也就忘记了，直到有一天那个私人银行的经理请我吃饭。吃饭的时候他告诉我，那个会员经过三个月的比较，终于决定投资了，投资额是5000万美元。那个私人银行的经理乐坏了，毕竟，即便他接触的都是高净值人群，平均投资额也只有300万美元左右。

在不清楚的情况下，充分调查和收集资料，慎重地思考。而一旦做了决策，行动力就很强。

而反观穷人，多数是在根本不具备投资知识和信息的情况下就贸然做出决定。什么邻居说的呀，同事说的呀，电视里股票大神推荐的呀……在异常冲动之下就轻易做出投资决策。

最后的结局，往往是被骗了钱。

### （2）富人消费能上也能下，穷人消费能上不能下

在那个企业家协会工作的那几年，是我吃过最多好吃的，见过最多好物的几年。有一次办活动还包了一架私人飞机。

也有很多次，我们参观企业时吃食堂餐，外出活动的时候去小面馆吃饭。那些背着铂金包的女孩们，也会给我展示不足百元的小饰品。还有一个妈妈手上经常戴着她女儿给她用橡皮筋编的手环，出席晚宴穿晚

礼服的时候也不例外。

他们毕竟大多很年轻，会虚荣，但他们也能正确地认识到物质的局限性，买得起当然可以买好的，但也没必要一定要买好的，毕竟，那只是身外之物。

而反之，很多普通人则是倾其半年的薪水去买一个跟自己经济能力根本不匹配的名牌包。动不动就嫌男友约去的饭店档次太低。

消费上，只能上，不能下。

其结果，也就只能是被各种广告迷了眼，不断把本应该带来更多收益的本金投入无止境的消费里面去。


### （3）富人不避讳谈钱，但追求的不仅仅是钱

穷人说谈钱可耻，但事事都为金钱奔波。

我认识的有钱人都喜欢谈钱，只要提到谁最近做了什么投资赚到了钱，大家都眼睛闪闪发亮，拼命追问细节，恨不得自己也能早日成为别人谈论的焦点。

但实际上，他们在讨论钱的时候，更多讨论的是在这项投资当中能否拓展自己的能力边界，能不能突破自己原来的舒适圈。

有些人身价几百亿，投资一个小公司赚了30万元都会拿来津津有味地讲半天。那是他觉得自己独具慧眼，能够看到那个小公司发展的前景（回想起来，我当时决定降薪去那个组织，也有一个原因是，我想知道真正的富人是怎么赚钱的）。

但反观很多穷人，从来不喜欢谈钱，觉得谈钱，俗气！低级！但是生活中却处处无法避免为金钱奔波。

最后的结果呢：钱，对于富人来说，是奴隶，为他们实现更远大的目

标助力；钱，对于穷人来说，是主人，是他们辛辛苦苦服侍的主人，他们无法摆脱被金钱左右的命运。

### （4）投资学的是一种面对生活的态度

有很多人问我，如果没有钱，为什么要学习理财知识。

那是因为，很多人认为理财知识，只是一种技术型的学习。我只要知道买什么基金买什么股票不就行了嘛。既然我现在没有钱，那么知道了也没有用，等以后有了钱再学也来得及。

不！我想告诉你的是，投资学的是一种看待世界的角度，面对生活的态度。

长投学堂的用户中，有很大的比例，学习投资知识之后换了工作，甚至有些换了行业。原因是他们学到了一种新的思维方式，以至于他们的生活发生了巨大的变化。

所谓穷人和富人，并不一定按照现有的资产来分。

有很多调研数据表明，白手起家的企业家，即便破产了，再次富裕的概率也很高。而一穷二白的普通人，可能偶尔的机遇得到了金钱，但这些钱很快会消耗一空，让他又一次变回到穷人。

这就是所谓的穷人思维和富人思维。拥有富人思维的人，可能现在并不是很有钱，但未来一定会不断积累财富，变成真正的富人。

而反之，那些没有相关知识和信息就随便瞎投资，永远追求高于自己收入水平的消费，以及从来不喜欢谈钱，但是总是为钱奔波的人，即便现在手上有一定的金钱，未来也会把这些钱消耗殆尽的。

# 3. 不懂区块链和比特币？
## 没事，你只需要知道这两点

作为一个做投资教育公司的创业者，从去年开始，暖手同学和我就不断被问及"你们怎么看待比特币"。同时，今年春节前后，区块链这个话题也大热。

我刚好懂一些金融知识，在此有两点小小的建议。

**（1）投资上，不懂的事情不要做**

长投学堂一年的用户大约是几十万，因此这个样本可谓不小。不是这些基数，可能你们还真难想象，20多岁的人当中，有很多人不知道余额宝，更不用说货币基金、债券、可转债、股票、期货这些词儿了。

但同样是这批人，他们投资的项目让我叹为观止。

某人问我投资一个电商股票交易所靠不靠谱，我搜半天，都没有找到任何资料，只好回复他说，我真不知道。

还有人问能不能投资上市公司，我一看，十八线城市的一片桃树林也能上市？查了好久，也问了好多人，才发现是一个什么新五板的公司。那片桃林当作一个农家乐收点门票，连带门票，一年收入大概200万元吧（这是收入不是盈利）。而该公司号称有2000万股流通股，每股大概卖2元钱。

当然，我没说区块链项目都是骗人的，我只是说"投资上，不懂的事不要做"。

在你告诉我你"懂"之前，麻烦先解释下这些术语名词：

智能合约

共识机制

非对称加密

一致性算法

（别问我，我也不懂，从雕爷文章里抄来的）如果你确实可以清楚解释这些术语名词，请记得我的第二点建议。

### （2）投资上，人多的地方不要去

"人多的地方不要去"，一般都是家长对孩子的嘱咐，为什么呢？人多的地方是非多，容易出危险。

同理可证，在追求"热门项目"这件事上，先掂量一下自己的分量。

我有一个朋友，金融博士，还是大名鼎鼎的常春藤的牌子，技术大拿，专门做金融量化研究的。2017 年投身比特币大潮，花了几十万元（还好，控制了成本，这几十万元对他来说不算伤筋动骨），亏得一塌糊涂。得出的结论是：比特币交易量比较小，资金量稍微大一些，就会引起市场异常波动。

97% 的比特币掌握在 4% 的人手上，再加上没有监管机构，坐庄的事远比股市来得容易。

你一个股市上都毫无斩获的人，凭什么说一定能在比特币交易上赚到钱呢？

　　看看你现在说得出名字的那些热衷于区块链概念和比特币交易的大佬大机构们，绝大部分是在互联网概念中，在股票交易（IPO）中赚到钱的人。

　　写到这里，仔细点的读者可能会看到，我在两点建议上都加了"前缀"——投资上。

　　也就是说，如果你想"投资"区块链项目也好，比特币也好，请牢牢记得这两点建议。

　　但如果你只是有兴趣关注下技术前沿，甚至以技术开发的身份加入区块链项目，那我还是很赞成的。

　　毕竟，现在这些区块链项目给出的薪水价格，确实都高于平均水平，此时不赚，更待何时（不过从长期职业发展来说，就另说）。

# 4. 为什么我从来不过"双十一"

又是一年"双十一",但是对我并没有多大的影响,因为我从不过"双十一"。

至于原因,先从一件小事说起。暖手同学对日本料理情有独钟,上周他过生日,我预约了一家日本料理店给他庆祝生日。但那家店有点难找,我们开车绕了一大圈,好不容易找到,又说车库不能停车,只能停到蛮远的一个地方再步行15分钟到店。一路上暖手同学愤恨地说回去就给差评骂死那家店。

但是当菜单上来之后,暖手同学已经没了脾气。当第一批刺身上桌的时候他已经眉开眼笑了(这孩子还真好哄)。

原因是那家店的东西确实好,日料刺身没什么烹饪的技巧,关键就是原材料要好。它们家的海胆不玩虚的,很小的碟子,但是满满的都是很大的黄澄澄的海胆。北极贝刺身比我吃过最好的都大了两圈,厚了一倍。甜虾刺身入口即化。别说暖手同学,连我这种不太爱吃刺身的人都觉得不虚此行。于是,我们立刻预订了两周后的14人团队聚餐。

然后我们共同感慨说,虽然这家店比别家贵了大概50%,但是东西却好了不止一倍,论性价比还是很高的,东西不怕贵,物超所值才是真正重要的。也就是说"价值"超过"价格"就能让消费者满意而归。

除了"双十一"，京东、当当打折我也不太参与。这大约跟我的消费观有关系。我们来谈三点：

**（1）对于消费品而言，"需要"比"价格"更重要**

对于投资来说，恐怕明确内在价值之后，价格是最关键的因素，暖手同学为了一家公司股票足够便宜，甚至不惜等上两三年之久，有时候他也感慨当年仅仅是因为不够便宜而没有买入某个公司，现在涨了两三倍不止，但他不会后悔，因为这是他投资的基本原则。

但是对于消费品而言，我觉得明确内在价值之后，"需要"比"价格"更重要。

举例来说，如果是一套房子，明确它是"投资标的"（请注意是投资而不是投机），你应该有耐心等上几年，等到价格确实便宜的时候再下手。

但是如果明确这套房子是"消费品"，例如作为婚房用，那么我猜这个时候你考虑最多的应该是"是否需要"，而不是"价格是否便宜"。如果你大婚在即，新娘和丈母娘摆出"没房子休想结婚"的嘴脸，那么无论现在价格是如何，你应该都会下手买的。

因此，拼搏"双十一"的问题在于，它往往会以"价格低"使你忽略了"是否需要"这件事。豆瓣上爱书人多，但是京东、当当打二折三折，你攒够了优惠券买回来的书当中，有多少是已经看完的？而又有多少是从此束之高阁的呢？

**（2）对于消费品，也要搞明白"价值"和"价格"的差别**

我看不少人说"去年'双十一'买的面膜还没用完"，就拿面膜举例吧。

对于一件商品而言，它对你而言是有"价值"的。一般来说，你会购买"价值"高于"价格"的商品。例如一包面膜，假设平时价格是 20 元，但是对于你的价值是 30 元，那么你就会购买。

但是对于不需要、用不到的东西，它的"价值"实际为 0。也就是说，你去年买了一包，但是到今年还没用的面膜，哪怕它"双十一"从 20 元打折到 5 元，因为它的"价值"为 0，你仍然吃亏了 5 元。

我看朋友圈中流传着不少类似"别问我花了多少钱，而要问我省了多少钱"的言论，如果明白"价值"和"价格"的区别，就不会这么说了。省多少只是"账面数字"，其实死活都是你吃了大亏。

### （3）追逐"双十一"是有成本的

最后一点其实我觉得最为重要，也是我从来不过"双十一"最大的理由，因为购物这件事是有时间成本的，甚至会养成不太好的消费习惯。

在"双十一"之前，考虑要买什么，然后看看哪家店打折最厉害，在"双十一"当天，准备夜宵盯着电脑，手快有手慢无地拼抢，在我看来都是有成本的。时间是成本的一种，精力是成本的一种，还有最关键的是，思维方式也是成本的一种。

我宁愿去思考"如何能赚更多的钱"，也不愿意把时间和精力耗费在"如何能买到更便宜的东西"上。我宁愿去考虑"什么东西我不买也可以"，也不愿意去考虑"如果便宜的话买回来或许会有用"。

"双十一"其他的弊病大家都听得很多了，有一句话叫"商人就是，千做万做，蚀本生意不做"。我认识一个"双十一"销售额排名前 50 的土豪朋友，"双十一"当天还没过半，我就看见他们家销售额已经过亿了。但我知道他们家"双十一"卖的产品，肯定是跟平时不太一样的。消费者想占商家的便宜？我能说门儿都没有吗？

对于"双十一"的疯狂，每个人的消费观念不同，我不过"双十一"，并不意味着你也要不过，平日需要的东西，本来也想买，趁着打折的时候买绝对是无可厚非的。

但是你要明白，"双十一"不仅仅只有打折的收益，也有它潜在的风险，如果你清楚明白自己在做什么，当然可以快快乐乐地过打折季。但是如果你只是为了追逐打折和降价而迷失了自己，那恐怕就是一场灾难了。

最后附上长投 QQ 群的名言：淘宝"双十一"热销说明一个道理，消费者对短时间内快速下降价格的商品没有抵抗力，以至于暂时忽略了商品的实用价值。

# 5. 真正的时间管理和理财

一位下属的朋友，去年新婚。男方家里有一套房子，但是离市区很远，她自己妈妈和婆婆家都在市区，离我们公司很近。

因为新婚嘛，充满了热情和期待，所以她跟先生两个人用了很多时间和精力来装修房子，买了自己喜欢的墙纸、台灯、被子、牙刷杯，反正都是自己喜欢的样子和花色，虽然装修很辛苦，但她非常开心。

但是搬过去不久，她开始觉得烦恼，因为每天上班时间需要一个半小时，每天来回需要三个小时，而且都是上下班高峰时间，早上挤地铁和公交到单位已经累得半死，晚上又挤一次到家里，筋疲力尽，随便买一点东西吃了，洗个澡就要睡觉了。

我忍不住说她，结婚之前我就让你考虑下，把那套房子租给别人，然后在市区租一套房子住，离你妈妈家近，可以去吃个晚饭，每天能省下很多的时间。

她说，哎呀，我也觉得上下班交通很痛苦，但自己装修的房子，买了自己喜欢的东西，让别人住好像又很舍不得。

以前看胜间和代的书，说对时间管理最具影响力的，还是搬家和换工作。当时还不十分理解，看到这个例子，终于恍然大悟。

让我们好好来算下这个案例：

**住新房 vs 另外租房**

在时间上的差异：

住新房每天需要三个小时的交通时间，另外租房只需要约一小时。

省下来的时间，可以看书、健身、睡觉。

每天学英语一小时的话，按照"奶爸英语学习"的方法，一年之内可以从零基础达到英文流利的水平。

每天跑步一个小时的话，一年肯定可以挑战马拉松了。

每天烧饭一个小时的话，既增进夫妻感情，又节省金钱，还健康美味。

每天多睡一个小时的话，至少也能增加不少幸福感。

每天多加班一个小时的话，估计一年之后，肯定升值加薪了。

在金钱上的差异：

装修和家具等大约花费 5 万元。

每天上下班的交通费按一天 15 元 / 人算，一年大约 7000 元。

外食的费用：因为到家已经太晚了，没力气烧饭，所以大大增加在外就餐的费用。按一次 100 元算，每周三次，一年大约是 15000 元。

这只算了在时间和金钱上的差异，还没有算外食带来的卫生问题。因为路途太远，无法在公司加班，以及路途疲惫带来工作效率下降而造成的职业上的损失等。

这一切，仅仅建筑在"自己装修的房子，让别人住很不舍得"这样比较虚无缥缈的假设上，至少从我的角度来看，觉得很不值。

有人问我时间管理的秘方是什么，我的第一原则很简单，就是二八法则，用 50% 的时间来做 20% 的事，而这 20% 的事对最后效果的影响是 80%。

最重要的时间管理和理财原则是什么？就是你要知道什么才是最重要的时间，什么才是最重要的影响你收入的东西。

举例来说，我觉得"奶爸英语学习"原则是很有效的，假设这种方法确实是很有效，那么每天节省一个小时去背单词，就不是好的时间管理。因为你的方向是错的，时间管理得越好，无非是拼命地在错误的道路上奔跑而已。

从金钱的角度来说，有很多人觉得淘宝"双十一"打折，用了 5 个小时比较，用 1000 元买了原价是 2000 元的化妆品就是理财宝典。或者在京东"买一送一"的时候，花 300 元买了 800 元的书，省了 500 元，多厉害。

首先，没有算时间成本。其次，这些买回来的书和化妆品利用率有多高很让人怀疑（大家去年买的书，有多少全看完了）。

最关键的问题是，这些都不会是影响你金钱的最重要的事。就像我腹诽我家某亲戚，平时省吃俭用，买青菜都是一分钱一分钱的还价，结果被某健康产品一忽悠，花了 3 万元买了一个保健仪器。天啊！这要买多少斤青菜才能赚回来啊？！

# 6. 我的育儿消费观

我算是消费观正确的人，但是在育儿的时候，仍然架不住购物的欲望滚滚而来。为自己花钱这件事，大约能够得到正确遏制，可是为宝贝儿子花钱这个借口，简直没有任何理由可以阻挡。

苏美在日记里用了一个贯口来写一个现代婴儿所需的各种物质基础——奶瓶刷、奶瓶、清洗液、奶瓶把手、奶瓶消毒锅，大小、冷暖、深浅、薄厚的各种衣服，裤子、袜子、鞋子、帽子、被子、包被、斗篷，澡盆、水温计、浴网、沐浴液、润肤油、润肤露、护臀膏、爽身粉、浴巾、浴衣、干纸巾、湿纸巾、口水巾、安抚巾、牙咬胶、摇铃、床铃、婴儿躺车、坐车、伞车、遮阳棚餐椅、马桶。

我告诉你，一个婴儿专用剪指甲的剪刀，还只是非常普通的牌子，70多元；一小盒婴儿用棉签（不就比普通棉签细了那么一点儿），20多元；婴儿用浴巾，最便宜的也要200多元。之前我在豆瓣发了一个帖子，说看到一款彩棉的冬衣，又美观又实用又环保，各种喜欢，踌躇了20分钟，还是没买。有人在下面留言说，不就一件衣服，至于吗？

你们以为衣服、尿布、奶粉才是最大的消费项吗？实在是大错特错了！

一两百元的婴儿衣服，确实不是买不起，可是婴儿服装如果合身的话只能穿两三个月，实在是不划算。嘟嘟出生以来，室内温暖如春，三四套连体服轮流穿轮流洗，足矣。再多的身外之物只是为了满足大人们的虚荣心而已，不足为凭。

何况，衣服、尿布、奶粉才不是消费最大项呢！

婴儿所需物质，一部分是必需的，还有一部分是迎合大人们的某种物欲。例如，号称全棉特别舒服的浴巾、毛巾——我用的 MUJI 浴巾材料柔软度我觉得足矣，还比婴儿浴巾便宜呢。

但是还有一部分，是为了减轻妈妈的育儿负担的，例如温奶器、恒温的热水、纸尿布、辅助背带、童车啥的。这部分消费我是举双手赞成大力支出的。虽然外婆、奶奶、姨婆、大姨妈动辄说："二十年三十年前，什么都没有，还不是一样把你们拉扯大了。"但我还是觉得做妈妈既辛苦，精神压力又大，实在需要各种减少负担的工具。

其实，在没有发明奶水注射器和机器人奶娘之前，温奶器类的工具支出实属有限，最强有力的减负工具就是——保姆！

我深深感激我的月嫂，在专业技术出色的月嫂面前，一切问题都不是问题：再不好用的奶瓶，搞定！再不好穿的衣服，搞定！再烦躁苦恼的小孩，搞定！

但是，现在的月嫂，未来的全职保姆，需要的是：钱！

当然，在很多家庭，这些工作由爷爷奶奶、外公外婆们负担，但我猜，这也不是全无代价的，两代对教育方法的不同意见，担心父母受累，但最终只能自己受累，还要承受因育儿不专业引发的各种焦虑感。反正左边一堆没清洗的奶瓶，右边一推被弄脏的毛巾抱被，以及中间一堆汗湿的内衣，我是不敢随便指使老妈，更别说婆婆清洗的了。

如果保姆可以解决这些问题，何乐而不为。而保姆的关键，则是金钱。一个有育儿经验、烧饭也过得去的全职保姆年薪小十万元，远比尿布、奶粉来得贵重。除了年薪之外，还有保姆必须有的居住空间，也是一笔不菲的支出。除此之外，婴儿保健、婴儿按摩、智力开发等，都属于专业服务的范畴，比起专业服务的开支，尿布、奶粉的支出简直可以忽略，但是专业服务给新爸新妈所带来的舒适感，则完完全全物超所值！

可是，难道专业服务才是育儿消费的最大项吗？

你又错了。

我说保姆可以解决问题的时候，一定有不少人会质问说：亲子关系呢？跟父母的感情呢？可不是，专业服务可以解决"物质"以外的"服务"问题，可是没办法解决"精神"的问题。

精神问题主要就是"时间，时间，时间"。保姆跟宝宝待的时间长，宝宝会对其过分依赖（爸妈、公婆也是一样的），那就需要父母投入更多的时间。

可是，朝九晚五的工作，超长的交通时间，加班应酬以及学习充电，哪一样不需要时间？于是乎，无数爸妈用时间换金钱，并且美其名曰"努力赚钱，不让孩子输在起跑线上"。

当然也有解决方法，全职妈妈就是用金钱换时间的典型解决方案。一年的工资奖金动辄也是十几万元、几十万元。三五年复出之后，再也无法与同伴竞争同一岗位，这些也是隐形的支出。

再何况，全职妈妈也不是最佳方案，父亲的缺位也会造成孩子性格的某些缺陷。曾有朋友跟我八卦认识的富二代们，说大多数心地善良、性格柔弱。究其原因，不能排除从小太多时间跟随母亲，而父亲则忙于工作，因此缺少男性气质。

然而父母双方都有富足的时间参与陪伴孩子的成长又谈何容易，时间富足的条件就是需要钱啊。

是的，家里没钱，孩子也能茁壮成长，而且能成龙成凤。

但当我午夜被啼哭声吵醒，迅速平息战火的是保姆大人，而我可以翻身继续睡去。当我们并未错过孩子的第一次微笑、第一次入水洗澡时的哇哇大哭、第一次努力把自己的脑袋抬起来的时候，我庆幸！家里薄有积蓄，除了尿布、奶粉之外，我能让自己在享受有个宝宝的幸福之外，有更畅快如意的生活。

其实孩子不需要金钱。我说了，衣服三四套足矣，否则床单裹着也行。纸尿布不用也成，几块破布足矣。奶瓶也不需要，用勺子喂也行。甚至奶粉也是多余，米汤也能养活人。

需要金钱的是妈妈。

现代妈妈试试看不用纸尿布，天天洗尿布。试试坐月子的时候每晚起来用勺子喂奶三五次。嗯，反正我是做不到，我就是贪图享受的妈妈，我就是需要有人伺候，把洗衣服、喂奶的时间省下来看言情小说或者好莱坞大片。

# 7. 长投网和创业的那些事——关于梦想

我有三个"儿子"："大儿子"是暖手同学，耍萌、耍赖、耍贱、耍臭脾气无所不能；最小的儿子是嘟嘟，渐渐学会耍萌、耍赖、耍贱、耍臭脾气，本事能不能超过暖手同学且拭目以待；"二儿子"是长投网，快三岁了。

我跟暖手同学有大量的QQ聊天记录，嘟嘟有我写给他的信，然后我就寻思着给那个我倾注最多时间和关注的"二儿子"写点什么，聊聊在创业中的甘苦，聊聊身边那些创业的小伙伴，也聊聊我的一些看法。无论未来长投网发展如何，至少是我人生中非常宝贵的一段经历。

我曾经看到一篇文章，作者是事业非常成功的女性，然后，她老公创业了。她称自己为"创业寡妇"。且不谈创业给身边人带来的影响，她有一段话，深得我心。

她说："科技创业者中有谁是为了给老婆、孩子更好的生活而创业的？回答是，没有，一个都没有。创业者挣了钱当然也会让老婆、孩子享受更好的物质生活，但这顶多是副产品。

"原因是大多科技创业者无须创业也能养家糊口，甚至养得很好。如果只是为了从帕萨特换成宝马，从桔子酒店换到四季酒店，让老婆拿的包从 COACH 改成拿 HERMES，那真的意义不大。"

我不知道年轻的创业者是怎样，但是对于我和暖手同学来说，创业之前收入已经不错,有车、有房,我们甚至还有同龄人普遍缺乏的投资性收入,而且投资性收入在几年前就与工资收入持平了,如果我们对物质要求再低一些,完全可以双双辞去工作去环游世界,那么我们为什么还要创业呢?

这个问题,我问过自己,也问过身边创业的朋友。大体有以下几种回答。

### (1)金钱本身并不重要

金钱本身并不重要,重要的是金钱的数量带给自己的成就感。记得韩寒在一个访谈中说过,我可以拿很低的赛车手收入,但是如果车队找来另外一个人,水平比我差,却拿得比我多,那我立即就走。

大概就是这个意思,用长投学堂最喜欢的量化思维来说,金钱是一种可量化的标准。世俗意义上,拥有10亿资产的人当然就比有100万资产的人牛,就这么简单。

### (2)自我成就感

《老爸老妈浪漫史》中,巴尼最喜欢说的话就是"It's gonna be legendary"嘿,我喜欢巴尼,他是那个从来不循规蹈矩,总是寻找生活意义的人。

成为传奇,世俗一点说是追逐"名",或者叫"自我成就感",让全世界知道我有多牛,也就站在了"马斯洛金字塔"的最顶端。

### (3)做喜欢的事儿,做有意思的事儿

有个投资人跟我说他最喜欢的就是两眼放光谈论自己做事儿的创业者。我还遇见过一个做格斗游戏的朋友,不管三七二十一,塞给我一个手机逼着我玩了半个小时的格斗游戏。在做长投学堂的过程中,暖手同学最

兴奋的就是开分析师会议，大家讨论各种投资机会，有时候开完会已经很晚了，他还会忽略我呵欠连天兴奋地再给我讲一遍。

### （4）活着就是为了改变世界

自从史蒂夫·乔布斯说"活着就是为了改变世界"以来，创业者简直是前赴后继。我有个做影视文化的朋友当年创业的原因就是"看不下去这么烂俗的电视剧，我要让世界看点不一样的东西"。当然改变世界是可以通过很多手段完成的，中国传统文人所说的"立德、立功、立言"。立德是对自己的要求，立功是对现实世界的改变，立言是影响后人，在历史中留下一笔。所以文人可以通过著作来改变世界，武人可以通过保卫祖国来改变世界，科学家可以通过发现天体、制造飞船、消灭病毒等来改变世界。但商人和企业家就一定会通过创业来改变世界。

以上四种，或者占其一其二，或者按不同比例混合，我们通常会称为"梦想"。成为亿万富翁的梦想，做自己喜欢的事儿的梦想，以及改变世界的梦想。

曾经有人问过我"你总说梦想这种虚无缥缈的事儿，我就没有梦想，我就想好好过日子不行吗"，当然，好好过日子谁还能不允许啊，不过我没见过一个打算好好过日子的人最后出来创业的，创业这个玩意儿，不做点"梦"，不虚妄"想"是肯定不行的。

# 8. 怎么绕过投资骗局的坑

　　最近因为长投网推出的打新股服务人气爆棚，某天有个朋友 SS 参与新股申购后问我问题，我听完后内心独白是：这是一个天上掉下来的金馅饼，但为什么会掉你头上呢？虽然没有说出来，但我觉得自己是一个具有开放心态的人，接受一切合乎逻辑的可能性。

　　既然 SS 确定是 A 股上市，又是明年 12 月上市，那我要帮她想想是否有问题。我首先提醒她，这种机会太好，基本上是躺着赚钱的，据我知道份额都被投资银行和大 PE 分掉了，那么作为个人投资者，你为什么会得到这么好的机会？

　　然后我问她是什么公司、什么流程。SS 回答："是做私募和原始股权的公司推荐给她的，这家上市公司叫海南 X 舍，做旅游的。推荐的公司有 3000 万元的份额，起投资金 50 万元，定增 4 元多一股，上半年是 3 元多。"她说她想买，但不了解，也不知道风险在哪里。

　　听完隐隐觉得有点不对劲，50 万元起投，这个不是合法的私募产品（私募门槛儿 100 万元），我想到一个问题，于是问："4 元多是你购买的价格，3000 万元占多少股份，也就是总的盘子是多大你知道吗？"

　　这个时候我想到一个坑，是不是以非常高的价格定增给不知情的个人用户？如果知道定增价格和份额，再查下同行业的水准，就应该知道价格是不是虚高了。

SS 回答公众占股 20%，但不知道 3000 万元占总盘子的多少。不过中介公司跟她说回报有 5~10 倍，她说也不求有那么多，有一倍就很开心了。

我还是觉得有问题，能确定明年 12 月上 A 股的公司的原始股，赚个 5~10 倍确实有可能，但有这么高的收益，风险又非常低，那些 PE 和投资银行不挤破头了吗？怎么能轮到小散户啊？！

简单查了一下，找不到这个公司的信息。问了暖手同学，他给了我一个准备 A 股上市的公司清单，我拿给 SS，说如果在清单里面找到了，那至少上市是真事儿，再找找别的问题。

我跟她说："逻辑上不合理，因为这么高的回报，无论机构还是个人早就挤破头了，这是常识。所以，要反复找找坑到底在哪里。如果知道坑（风险），就可以判断发生的概率，这么高的收益，有风险也值得试试。就怕不知道坑在哪里，这样本金也可能会折损。"

SS 大概去问了中介公司，然后她问我："有股票代码的意思是已经挂牌上市了吗"。我一看，哦，貌似还真的有代码；市盈率和市净率还蛮像一回事的。但我对 OTC 是什么不清楚，当时第一反应是这肯定不是 A 股，是不是准备上三板的公司啊？如果是准备上三板，那可能是有坑的，因为三板的交易不活跃，如果公司本身资质不好，根本无法将股权脱手卖出。

接着往下看，15 年营收才 1100 万元？貌似三板也有些危险的样子。我问暖手同学 OTC 是啥呀？他说 OTC 是场外交易市场。

好了，这下找到坑在哪里了。

我摘个百度给你们看：

*OTC（场外交易市场，又称柜台交易市场），柜台交易是指在证券交*

易所以外的市场所进行的股权交易。和交易所市场完全不同，OTC 没有固定的场所，没有规定的成员资格，没有严格可控的规则制度，没有规定的交易产品和限制，主要是交易对手通过私下协商进行的一对一的交易。

明白了吧。举例来说，就是我如果开了一家奶茶店，亏本亏得要倒闭了。但我只要进行股份制改造，私下把股份卖给你就行了。至于这个股份值钱不值钱，你能不能卖得掉，我可不管，反正我是把股权卖给你了。

一家营收才 1000 多万元，利润才 300 万元的公司，居然定增 3000 万元，还只占 20%，而且还不知道 3000 万元是不是占 20% 呢。反正卖给我，我是不会要的。

其实中国就算是 A 股上市，也有很多垃圾公司，但 A 股的好处是限额，也就是那个"壳"也值不少钱，所以公司 A 股上市就会涨。但是三板因为门槛低，又不限额，资质差的公司根本无法交易，股份也不值钱。更不用提这种 OTC 了。

有些人（包括 SS）说什么 A 股上市、OTC 术语这些根本搞不清楚，怎么能明白这些坑呢？其实当时我不也不知道 OTC 是什么吗？但是最简单的逻辑就是，天上不会掉金馅饼，不要被贪婪驱动。SS 不就是因为希望赚一倍（中介说 5~10 倍）而差点掉进大坑里吗？

所以判断投资骗局，只需要有"常识"，如果这个收益的逻辑你看不懂，在弄明白之前绝对不要轻易下手，至少可以绕开这类大坑了。

# 9. 日本买房记

上周在日本签约了第一套房产，是商务楼，租金回报率高达 10%，这还没算上房子可能的涨幅和日元对人民币汇率的增值呢，这两者在过去的一年中，分别都涨了约 20%。

从知道可以投资日本房产，到正式签约，大约过了 50 天。不仅如此，这 50 天中，我们还下定决心要做日本房地产投资基金，然后约见了 10+ 的律师，30+ 的日本房产公司，并且从 5000+ 的房源信息中抽取数据，建数据模型，最后选择好的房产请同事去日本考察，还经过跟香港人激烈地拼抢，才签约了这套房源。

这 50 天是从我月子开始的，我也明显地感受到了自己的一些变化。体会到类似"行动要迅速""三娃妈妈怎样多线程工作""找到靠谱的人做靠谱的事""再靠谱的律师也要货比三家"等。

我买的第一套日本房子，地点在日本大阪市，离地铁谷町四丁目站和地铁堺筋本町站步行都只需 5 分钟。

它是一栋商务楼的 2 层，9 月刚签了 2 年的租约。租金的表面回报率（不扣除管理费用）高达 12.96%，扣除所有管理费用之后，实际回报率约 10%。而国内大部分房产的租售比只有 1% 左右。

经过同事在日本的考察，这栋楼位于非常成熟的商务区，这栋楼的出租率约 90%，去问了几个办公室，都是在此地经营超过 5 年的老公司了。

## 01

最开始接触"日本买房"这个信息大约是在生完双胞胎的第 15 天左右，伤口已经恢复得差不多了，但还没出月子，虽然已经开始参加每周的工作会议，但主要任务还是在我爸妈的监管下吃吃吃、喂喂喂、睡睡睡，总之，十分无聊。

有一次暖手同学出门参加同学聚会，回来后神秘兮兮地说："Z 的老婆在日本买了房子，你有没有兴趣啊？"

当然有啊。我去年是第一次去日本，之后就对日本印象特别好。飞行时间短，没有长途飞行的痛苦；公共场合秩序井然，非常安全；哪怕是游人如织的地方也非常干净，尤其是公共厕所，普通一个公园里的厕所，居然比上海星级酒店的都干净；当然最让一个吃货着迷的地方就是食物！去欧洲的时候我实在被冷面包和无数奶酪弄怕了，而在日本，哪怕是 7-11 买的饭团都十分新鲜可口。因为印象太好，因此第二年就带嘟嘟和爷爷奶奶去大阪、神户玩，日本的安全、干净和近乎中餐的饮食，真是非常适合带老人和孩子去。

其实出于投资的本能，第一次去的时候已经关注到了房子，2014 年 9 月从日本回来之后就写了一篇日记，提到路过房地产中介的时候去看了房子的价格。池袋附近的一户建（独栋小别墅）共 125 平方米，2500 万日元，大约 150 万元人民币，步行到地铁站 5 分钟。代官山高级住宅区建面约 80 平方米的，也就是 140 万元人民币左右。箱根海边别墅，推开窗子就是海景，也是 200 平方米左右，大约 180 万元人民币。我综合一些资料得出的"作为投资非常不错"的结论。

但当时局限于语言问题，并没有真正推开房产中介的门去仔细问问。现在想来，那个时候是日元最低的时候，是很好的投资机会，如果真的推开中介的门，说不定就有会中文或英文的职员来接待。很多事情有了意识，却没有立即行动，真是很后悔啊。

不过后悔也没有用，回到现在来吧。因为对日本有良好的印象，以及当年对日本房子租售比超高的印象，再加上女性买买买的本能，我立即对暖手同学这个提议产生了浓厚的兴趣，产后激素消退产生的抑郁也抛到九霄云外去了。

然后就是行动！

第二天就加了 Z 老婆的微信。Z 的老婆非常热心，仔细跟我讲了她的买房原因和经历。因为她的大老板在大阪有一个物流公司，因为工作原因经常去，所以对大阪非常熟悉。

出于商人的精明，一年前大老板就开始买了好多套大阪的房子。作为大老板的心腹，她也跟着买了两套：一套 80 万元人民币，用于长租；一套 60 万人民币，位于心斋桥附近，用于民宿。

她跟我说民宿的租售比可以高达 15%~20% 的时候，我惊呆了，放下手机跟暖手同学说："天哪，不会是骗局吧？怎么可能有这么高的租售比啊？！"

我为什么投资日本房地产呢，因为我和暖手同学在中国都没有买过房子（父母有买），我们主要的投资一直集中在基金、股票、债券这种流动性比较好的投资产品上。读者也许会说，如果当年（7 年前）我们结婚时买了一套大房子，现在至少也赚 1000 万元了。

也许此言不虚，但伴随而来的是我们因为有房贷压力，就会老老实实当我们的外企白领，不会下决心出来创业，也就不会有现在的长投网。我们因为自己有房子，就会一直住在自己的房子里，忍受每日可能长达 2 小时的通勤时间，而不会像现在这样，在公司附近租房，通勤时间只有 5 分钟，并且，最重要的是，那 1000 万元的增长，仅仅是纸面财富，因为我们不会把自己住的房子卖掉，所以只能每天路过房产中介，看看房价涨的幅度，然后内心暗爽，但实际根本没有千万富翁的自由。

虽然我们一直做的是投资教育，虽然我们一直强调金钱对生活的重要性，但是，选择什么投资品种，以什么心态投资，几乎已经进入哲学范畴了，因为你是在选择一种生活方式，一种会让你未来过得更好的生活方式。

## 02

为什么要投资日本房地产？

当然是为了赚钱啦。基于以下两点，日本房产可以增值赚钱。

### （1）租售比超级高

中国房子的租售比，普遍都在 1% 徘徊，也就是 1000 万元的房子，月租金低于 1 万元。而日本的租售比，以我主要看的东京和大阪两个城市，东京的租售比大约是 4%~5%，大阪的租售比是 8%~10%，而民宿的租售比高达 15% ＋。我刚听 Z 的老婆说这个数字的时候，简直担心遇见了骗子，后来自己仔细一看，确实如此。

### （2）日元增值

从 2016 年起，日元相对人民币，已经增值了约 20%。

### (3) 房产增值

有人给我发邮件说日本房产是折旧品，这个结论本身就有逻辑问题。日本房产确实经历了 20 年的下跌，但这并不意味着未来 20 年会继续下跌。中国房产经历了 20 年的上涨，同样，也不意味着中国房产在未来 20 年会继续上涨。这漫长的 20 年，使日本国民形成了心理定式——房子会跌，要租房不要买房。这漫长的 20 年，也使中国人民形成了心理定式——房子会涨，要买房，不要租房。同样的逻辑，同样的错误。

基于 2020 年奥运会的利好，日本移民政策不断开放的倾向，以及大中华地区的财富溢出效应，东京的房子在过去 2 年中已经增长了约 20%，未来会有更大的增值空间。

这 3 点很清楚地表明日本房产是一个值得投资的价值洼地。

至于风险，大家提的问题中主要有 3 点。

### (1) 地震了咋办？

大家印象中日本是个地震频发的地区，地震把房子震倒了怎么办？首先，日本房子的抗震性普遍都非常好。其次，所有的房屋基本都有地震保险，也就是说，如果地震房子塌了，根本不是坏事，因为保险公司会赔你造一栋新楼的资金，旧楼变新楼！

别忘了，日本的土地是永久产权。即便你买的是一栋高楼中的一间房，也按比例分得土地。比如我在大阪买的那套房子，整栋楼有 10 层高，共 126 户，占地面积约 600 平方米，因此我也就分到了 4 平方米的永久土地产权。

### (2) 中日断交／中日开战咋办?

日本是一个资深的资本主义国家,宪法规定,个人财产神圣不可侵犯。也就是说,即便中日断交,中国人在日本的资产还是受到日本宪法保护的。

至于中日开战,如果中日开战,将意味着第三次世界大战,到时别管哪儿的房子,都遭殃。

### (3) 日本经济大衰退咋办?

这个问题感觉真的像在股市2000点的时候问,如果未来5年继续熊市,跌到1000点怎么办? 日本经济已经历了20年的停滞,再一次发生大衰退的可能性微乎其微。

基于以上3点,日本房产投资的风险不是太大的,是可以预期的。

### 03

加了Z老婆的微信后,顺势就加了她买房的中介的微信。很多人都觉得中介很重要,我也一样,觉得一个靠谱的中介就能搞定一切。而一个惊人的事实是我后来才发现,实际上所有的中介公司都共享一个行业后台数据库,独家房源很少。也就是说,如果仅仅就"房产信息"而言,所有的房产中介公司基本没有区别。所谓的"独家房源"比例是非常非常小的。

我发现这个事实后还挺震惊的,但更奇怪的是,哪怕我后期已经定下了比较严格的投资标准,例如在大阪地区只看难波(包括心斋桥)和梅田地区、只看离地铁站附近5分钟以内路程的、只看表面回报率8%以上的房产、只看面积小于30平方米的房子、只看公寓房。在这么严格的挑选标准下,每个房地产公司推荐给我的房产也是不一样的。我都不知道为什么在同一个数据库里，输入这么多的筛选标准，输出内容是不一样的，反正我是挺奇怪的。

Z老婆挺热心的，逢问必答。但她也主要是跟着她老板投资，有些问题她也是知其然而不知其所以然。房产中介也很热心，不过出于投资者本能的谨慎，我觉得他毕竟有利益在其中，回答的不见得中立。

于是，我就在网上大量收集资料。主要在知乎上找到了一些资料，但大部分的回答是在日本当地有工作有长期签证的人买的自住房，与我的需求（国外投资者，以投资为主）似乎不完全匹配。这个时候，通过"在行"找到了一个有过日本购房经验的律师。

通过"在行"约的这个律师，给了我很多他个人投资的意见，虽然随着我对这件事越来越深入的了解，发现他说的也不完全正确，但在最初阶段，对于日本房产投资，他确实给予了比较全面而深入的介绍。

在这段时间内，我接触的第一个房产中介，给我推荐了一套房源。其中有一套位于梅田商圈附近的房子，地段不错，租售比也高，我蛮动心的。不过因为要真金白银投资了，所以越发细心起来，根据中介给我的考察图和一些数据提出了很多疑问。最后发现一个大坑。

因为日本房产信息上，除了房产面积、所处位置、房型图、总价之外，还有一些非常重要的信息。比如有两项较大的支出：一项叫作"管理费用"，这个是指每个月缴纳物业的费用；一项叫作"修缮基金"，因为日本房屋大修的支出非常高，所以每个月需从房东这里预提大修的费用，放入所谓的"修缮基金"中，这样大修的时候，房东的负担就不会太重。

这套梅田的房子我记得是1981年的，比较老（不过说实话，日本的房子维持的非常好，尤其在东京以外，1990年以前的房子是很常见的。老房子普遍租售比高一些，但同时修缮基金的支出也高，未来增值空间相对小）。

中介给我推荐的这套房子，看上去一切都还不错。但由于那个时候我研究比较多，所以发现一个问题。就是这套房子的修缮基金比同地段的同样这个年代的房子要低得多，也就是说，它的修缮基金预提的不够，作为房东,未来我可能会遇到一笔支出较大的维修费用的风险。如果这种情况，这套房子的租售比就远远低于它现在所展示的情况。这算是一个大坑，因为当时我已看了很多相关的资料，也比较了很多房源，所以这个坑算是绕过去了。

这个时候，大约离我得知日本房地产只有不到两周的时间，在挑选房源的同时，我开始萌生做日本房地产基金的想法。

## 04

为什么萌生做日本房地产基金的想法，其实很简单。

刚开始的时候，Z 老婆说她有一套房子的租售比是 20+％。接着，她向我普及了一个概念叫作"民宿"，或说是短租,主要的平台就是 Airbnb（爱彼迎），它是共享经济内颇受瞩目的独角兽（估值 300 亿美元），因为没有旅馆申请执照的成本，没有人员和空置率的问题，因此有很多人把短租作为第二收入，甚至迅速崛起了运营民宿的专业化公司。由于日本的旅馆价格很高，随着旅游业的发展，旅馆的接待能力又不足，因此民宿就有了非常高的租售比。

当然与此相伴的，是日本国内很多人对民宿的高度抵制，因为做民宿的住房经常有陌生人进出，容易滋生安全、卫生等各种问题。

所以，虽然民宿的租售比非常高，但是要买到能够做民宿的房子却是很少的。首先，要"空家"，即该房子目前没有租客。日本有一个中国人几乎无法理解的现象，就是法律高度保护弱势群体。一般租客的租约是两年，即便租约期满，如果租客想续租，房东不得拒绝（否则打官司一定是房东输）。续租的时候，房东也不能涨价（否则打官司还是房东输）。就算周围房租涨得很高了，房东想涨价，也要先跟租客商议，如果租客不同意，房东还是无可奈何。这种现象在中国是无法想象的。所以如果想要做短租，首先要找"空家"的房子。

其次，日本关于民宿的法律对能够做民宿的地区是有规定的（虽然会有人不遵守规定，我们只说合法状态下），比如东京只有4个区是允许做民宿的，其他地方做民宿是非法的。

最后，就算你找到了"空家"，也确实在民宿合法的地区内，如果你做民宿，还面临只能经营180天，邻居投诉可能会有人"查水表"，以及物业管制等问题。总之，高回报率的民宿，并不是那么好做的。

不过，当时中介给我推荐了一个物业，让我怦然心动，那是位于大阪心斋桥附近的一栋楼，7层约有21间房，总价是2100万元人民币。如果一栋楼改建，就完全避免了物业不允许做民宿、邻居投诉的问题。以那样好的地段，整栋楼的租售比是非常可观的。但是2100万元的日本房产，对于整个家庭的资产配置来说毕竟是太多了，何况一栋楼的改建和经营，是必须要有人在当地做联络和管理的，再加上恰逢长投网的年会之前，我们把这个想法跟一些长投的用户讲了，大家一片拥护声，因此就下了决心，做一个日本房地产基金。

接下来是漫长的咨询之路。

虽然我们之前有过一个申请私募牌照的经验，但那个毕竟是在国内，有可遵循的成熟路径。但海外投资是一个新的领域，不但有语言的问题，也有跨国的法律问题，加上日本是出了名的税重，如何能够合理、合法地避开税，也成了要考虑的问题，再加上国内越来越严格的外汇管制政策，这条路看上去困难重重。

但创业6年以来，我得到的一条经验就是——没有什么不可能。于是开始各种咨询之路，一个朋友介绍另外一个可能知道的朋友，再介绍另外一个朋友，一个一个去拜访，一顿饭一顿饭吃下去，慢慢找到点门路。最后日本的朋友介绍了在日本的律师，长投的公司律师介绍了了解海外投资的内地和香港律师，香港律师又带来了精通日本、香港和内地税务、财务的会计师，终于几方汇集得出了最后的解决方案。

拿基金牌照时间长、成本高。所以香港律师设计出一个公司架构来承载目前的多个投资人。在拿出终极解决方案之前，我们足足见了20多个相关人员，10多个专业律师，开了20多次会议。

这期间也找到了精通日语的合伙人。因为刚开始想到要去日本成立公司，在脑子里把精通日语的朋友过了一圈，发现都不是十分合适。最后因为双胞胎诞生，亲戚们都来看望，我发现我一个表亲精通日语，在日企做了好多年。他本身语言过关，能力也很强。最关键的是在我跟他说了类似想法之后，他在半个小时之内就下定决心要辞职干这个事儿。行动力够强，正是我们需要的最合适的人。

于是这件事，终于成型了！

这时候，距离我第一次知道日本房产值得投资过了仅50天左右，大约也是我行动最快速的一个项目了。

## 05

日本房地产基金同步推进，但中介不断推荐房源，所以我就请合伙人 Bob 同学先去日本跑一趟，Bob 同学办好签证就飞去了日本。

还好他在去之前，我们（其实主要是暖手同学），就找了懂日语的志愿者小伙伴，帮忙在网上找了大约 2000+ 的房源信息，并从中选出了大阪和东京的 20 套左右我们觉得还不错的房子。

这里简单说下选房标准。

标准一：最简单的标准就是——地段要非常好。好地段的标准就是离比较大的地铁站（最好几条线汇集）不超过 5 分钟路程。

日本由于地铁非常发达，所以大部人都愿意选择距离地铁站步行 5 分钟内的房子。

地段好的房子，不仅空置率低，而且在房价上涨的时候比别人涨得快，在房价下跌的时候又具有一定的抗跌性。

日本在房地产泡沫阶段，房价飞涨。很多人买不起市中心的房子，就去比较偏僻的郊区购买房产，但是房地产泡沫 过，那些地方的房子只能空置（其实国内的情况非常相似，上海市中心的房子买不起就去买闵行和昆山的）。

标准二：地段好的情况下，尽量挑选面积小的房子。理由很简单，我买日本的房子是用来投资而不是自住的。面积较小的房子，由于租金相对较低，容易出租，但租售比又比较高。

这个说得比较抽象。举个例子：比如上海一套面积约 60 平方米的，300 万元的房子，房租是 5000 元 / 月。但是面积 120 平方米的，600 万元的房子，房租却只有 8000 元 / 月左右。前一套的租售比是 2%，后一套只有 1.6%。如果出于投资考虑，当然是 2 套 60 平方米的更合算。

当然还有很多其他标准，例如现场看房的时候，我会请 Bob 看看楼下视线可见的地方是否有便利店或小饭店，这个我觉得很重要。想想我买的房面积很小，适合单身居住，那么吃饭问题最好是就近解决，同时便利店也是衡量地段是否比较繁华的标准之一。

标准三：租售比。投资嘛，当然是要看回报率的。在同等条件下，租售比肯定是越高越好。租售比 10% 的房子，光靠收租金 10 年就能收回成本，而租售比 5% 的房子，需要 20 年才能收回成本。本来我以为这点是理所应当的，没想到居然被暖手同学的数据推翻了。

根据他的数据分析表明，有些房子租售比比较低（如只有 4%），但其实比租售比 8% 的房子更具有投资价值，这是为何呢？

前文说到，在日本，与租客比起来，房东是很弱势的。房租协议一般是 2 年一签。2 年到了之后，如果租客要续约，房东不得拒绝（如果打官司，房东输）。如果房东要涨租金，租客可以拒绝（如果打官司，房东输）。也就是说，如果租客可以用非常便宜的价格一直租房子，而房东只能接受这么少的租金。

举例来说（为方便理解，都算人民币吧）：一套 300 万元的房子，租金是 20000 元 / 月，租售比是 8%。但是由于租客一直租着房子，租金 4 年内没有变化，一直是 20000/ 月。但是房价涨到了 400 万元，于是租售比就下降到了 6%。

因此，租售比低的房子，有可能比租售比高的房子更具有投资潜力，原因是它的房价涨幅更快。

## 06 番外

以下是我和暖手同学第一次去日本游玩时的一些小感触，现在想起我们第一次去日本时，我俩都在后悔，为什么当时没有在日本买房啊。

到日本时已是下午，我们住在汐留，离银座很近，所以就去银座逛一圈。印象中银座是全球最贵的消费场所之一，但看了一圈，在内心默默换成人民币，不禁大喜若狂，导致后面几天我常跟暖手同学念叨"嘿，银座我们都消费得起！"那天晚饭居然在小巷内找到 80 日元（约 5 元人民币）一个的寿司店，品种巨多，食材新鲜，我们俩吃了 200 多元出门，撑得差点连路都走不动。

接下来的行程，我们变成了"日本物价 2 人考察团"。吃饭时、逛街时，都喜欢看一眼有数字的地方，默默地换算成人民币跟上海相比。东京的定食，贵的地方普遍在 60~80 元，便宜的地方 40~60 元。如果去略赞一点的寿司店甚至是刺身店，两人 300~500 元基本搞定，人均 200 元在上海吃非常新鲜的海鲜也基本是不可能的啊。

唯一略贵的是旅游区，例如箱根和筑地市场，但全世界的旅游区都贵，也是没办法的。当然米其林餐厅更贵，人均一两千是比较正常的，可是在上海，人均两千也是吃不到米其林的呀。

交通比上海略贵，地铁一日票 60 元，单次地铁票平均在 15~20 元，出租车更是贵得惊人，不过东京地铁非常发达，我们行程又不着急，所以地铁基本搞定。

我们还看了各处的房价，池袋附近 125 平方米（使用面积，也就是国内建筑面积接近 200 平方米），2500 万日元，大约 150 万元人民币，步行到地铁站 5 分钟。代官山高级住宅区建面约 80 平方米的，大约 140 万元人民币。箱根海边别墅，推开窗子就是海景，200平方米左右，大约180万元人民币。而且人家是永久用地啊！

到过日本的人大多感慨那边的干净整洁。我们第一天逛银座有个饮料瓶，硬是没在马路上找到垃圾桶，生生在手里捏4个小时回到酒店后才扔掉。

去东京迪士尼玩一天，人满为患，但是满地没有一点儿垃圾。

另外就是日本的厕所干净得令人发指！明治神宫的公共厕所设备好得超过我去过的很多五星级酒店。

我们进酒店的时候，有一张特别大的告示，类似"特别警告"之类的字眼，我们还以为什么达官贵人入驻该酒店，仔细一看是附近公园发现有蚊子咬人，可能感染疾病之类的告示。不禁笑日本人真是金贵，被蚊子咬都如此大动干戈。

不过整个旅途中基本没有被蚊子咬过，去皇居在草地上坐了一个多小时没被咬，各种草丛、树林窜来窜去也没被咬，甚是奇怪，究其原因大概还是因为比较干净，没有污水，蚊子很难滋生。倒是我在闹市购物，暖手同学在大街上等我的时候被咬了两口，算是日本还有蚊子存在的铁证。

最后一个关键词是育儿，虽然日本的少子化问题非常严重，但在日本街头和地铁，倒是经常看见一个妈妈带着2个甚至3个孩子的情况。怀里用背带背一个，手推车里推一个，最大的一个自己拉着手推车跟着走。这种情况在国内很少见，小区附近当然会有妈妈或老人推着手推车里的宝宝，但在市中心的地区，或是地铁里，基本很少见。

想了下，日本的公共交通非常人性化，手推车在地铁里畅通无阻，走路有斜坡，地铁有上下直达电梯，因此手推车上挂上宝宝必备衣服、食品，换乘地铁出远门问题不大。厕所随处可见，之前也说了，很干净，所有厕所里都看到必备的婴儿换尿布台，不少的还有小隔间，有宝宝用的固定座位。

那么这些人性化的公共设施从何而来？日本的地铁是有不同的民营公司运营的，我看到的至少有3家，东京地铁公司和都营地铁公司以及经营JR线的公司，我们买的1000日元的"一日通票"可以坐前两家的站点，但不能坐JR线。但他们的站点基本可以重合，有时候Google地图指挥我们坐JR线，但多花10分钟坐其他线路也是能到达的。

我跟暖手同学一直都是自由市场经济的倡导者，也就是说，公共设施是否人性化，不能依靠"政府大发善心"来得到，而是应该引入竞争机制。比如东京地铁公司的设施对妈妈们不方便，那我就宁愿选择坐JR线路，反正都一样能到达地点。

难怪我有好几个朋友办了日本多次往返签，说乘飞机去日本只要两个多小时，有山、有水、有玩，吃得好，环境健康、整洁，特别适合全家老少一起出行。经此番"日本物价2人考察团"的考察结果鉴定，我们在日本生活的成本要比上海低，所以，我怂恿暖手同学过两年带嘟嘟来住上三五个月，彻底治疗一下暖手同学的日本"料理瘾"。

## Part 5

好妈妈要有好方法

# 1. 大灰狼来了怎么办

嘟嘟大约从两岁的时候，开始产生"害怕"这种感觉。

关灯后准备睡觉，他就会说"大灰狼来了，它要咬我了"，然后往我身边靠，或紧紧地抱着我。

刚开始的时候，我不以为然，只是说"妈妈在，不要害怕"，或"别怕，妈妈保护你"。

但是几乎每天他都会说这句话，说"不要害怕"似乎并不能奏效，于是我开始想办法让他自己去应对这件事。

就这样开启了妈妈版的"十万个对付大灰狼的办法"。

嘟嘟：大灰狼来了，它要咬我了。

水湄：快想想，有什么办法可以对付它？

嘟嘟：哦，我可以挠它痒痒，它很痒，就不会来咬我了。


**吃货应对法**

嘟嘟：大灰狼来了，它要咬我了。

水湄：快想个好办法吧。

嘟嘟：我可以给它吃骨头饼干，它吃饱了就不会来咬我了（骨头饼干可以替换成嘟嘟喜欢的酸奶、蛋糕、葡萄干、排骨等）。

**嫁祸他人法**

嘟嘟：大灰狼来了，它要咬我了。

水湄：除了挠痒痒和给它吃东西，还有什么别的办法呢？

嘟嘟：我可以让它咬妈妈，它就不会咬我了（虽然这的确是解决问题的一种途径,但感情上有点接受不了。所以我就引导他把"妈妈"换成"爸爸"）。

**使用武力法**

嘟嘟：大灰狼来了，它要咬我了。

水湄：啊，我害怕大灰狼，快来保护我呀！

嘟嘟：妈妈别怕，我是"超级飞侠"我会变形，我来赶走它（我用枪打它，我对它吹口气，它就飞走了）。

**话痨应对法**

嘟嘟：大灰狼来了，它要咬我了。

水湄：今天我们用个温柔一点儿的办法吧，不要打架。

嘟嘟：那我跟他说，咬人是不对的。

每天晚上重复这个进程，嘟嘟早就摒弃了"害怕"这种情绪，把它当作每天翻新的游戏。他甚至会来挑战我的创意极限。

嘟嘟：妈妈，大灰狼来了，它要咬你了。

水湄：我喂他吃东西？

嘟嘟：不行的不行的。

水湄：我让它咬嘟嘟？

嘟嘟：不行的不行的。

水湄：我用枪打它！

嘟嘟：不行的不行的。

水湄：我给它讲道理！

嘟嘟：不行的不行的。

水湄：那我就跟大灰狼说，别的大灰狼都去游乐园玩了，你也去玩吧。它就会忘记咬我了。

嘟嘟：哦，这是个好办法。于是，下一次，嘟嘟就学会了用这个办法对付大灰狼。


在这个过程中，嘟嘟学会了几件事：

第一，无论是大灰狼还是大老虎，无论怎样的庞然大物，怎么让人害怕，其实总有办法可以应对的。

第二，面对一个困难的方法可以有很多种，无论武力应对还是嫁祸他人，总可以想出新的办法来解决问题。

第三，和妈妈在一起，可以很有趣、很开心。

# 2. 妈妈，这个世界上有真的变形金刚吗

最近嘟嘟在临睡前喜欢问我一个问题——"妈妈，这个世界上有真的变形金刚吗？"

我觉得这是个蛮棘手的问题，遂在某微信群里求助。

**A 妈妈的回答**

我会说有的。变形金刚存在于人们想象的世界，想象的世界也是我们生活的世界中很重要的部分哟——大龙猫、爱莎公主、功夫熊猫、变形金刚他们都生活在想象的世界。

A 妈妈明确地区分了想象的世界和真实的世界，不失为一种办法。好处是通过这种界定和区分，帮助孩子了解到抽象性的概念，而且类似的问题（爱莎公主、功夫熊猫等）也能得到解答。

但我不会选择这种答案，因为"太残酷了"，才 3 岁半的孩子就让他觉得有些很酷的人物仅仅只能存在于想象中，我觉得真的太残酷了。

后来有一次在跟幼儿园老师的交谈中，我也抛出了这个问题，该老师的答案也类似。尤其是老师提到说有些小朋友如果无法认识真实世界和想象世界，会参照喜羊羊、灰太狼。

虽然不是特别满意老师的回答，但我也能理解，嘟嘟现在的幼儿园走

的是"蒙氏教育"路子，比较强调生活即教育，强调真实的世界，强调独立思考，强调理性思维。

这些本身并没有问题，但从另外一个角度而言，蒙氏教育背景的孩子，想象力不足，人际交往比较弱（在国外的数据中，蒙氏教育背景的孩子出科学家比例要比政治家高很多），这就是弊病。嘟嘟因为语言能力发展比较早，一直被老师说在教室比较吵闹，影响其他孩子。

### B 妈妈的回答

B 妈妈可能有，呃，我们是碳基生命，其他星球上可能有硅基生命，他们星球的法则和我们很不一样。

B 妈妈的答案是我比较倾向的答案。首先是"可能有"，避免了确定性的答案，给孩子更多思索的可能性。这一点是我比较注重的。因为孩子尚小，任何一种确定性的答案，都有可能切断通往另外一个绚丽世界的路径，所以我倾向给予不确定性的答案。

或者正如暖手同学说的："大人就能确定没有吗？"科学本身就是不断进步的，经典力学理论（牛顿力学）就无光速的问题，而爱因斯坦的相对论立足于经典力学来阐述新的物理世界。人工智能在几十年前还仅仅存在于科幻小说中，但现在进展神速，已经是前沿科学了。

但 B 妈妈的碳基生命、硅基生命（巨佩服这位妈妈的知识储备，我完全不知道变形金刚有这个设定），好处是给了细节性的阐述，让孩子有一个思维的方向。坏处似乎也是给了一个方向，杜绝了其他方向的拓展性。

### C 妈妈的回答

C 妈妈你觉得有没有？顺着他的想法给一些鼓励、肯定之类的。

C妈妈真的太"含糊"了啊，哈哈。当然也有好处，就是给予了孩子足够的空间去自我探索，任何答案都没有他心目中的答案来的有趣。坏处是，这个真的不适合我们家，我尝试过套出嘟嘟心中的答案，但嘟嘟从不正面回答。我觉得这看上去虽然是一个非常偷懒的方法，但不失为一个聪明的办法。等他再长大一些，培养一定的资料搜索和思维能力，这个方法确实很不错。

**我的想法**

说真的，这个看似简单的问题，我到现在还没有标准答案，每次嘟嘟问我的时候，我都会超级纠结，思考各种答案的利弊。

但我倾向答案能够有多种可能性，不把他的思维局限在某一个特定的思维。

美国教育学家提出一种 Depth&Complexity 的理念：培育聪明的大脑应该给它加以深度和复杂度的训练，而不是加以简单的重复练习。

尤其对于幼儿来说，大脑的知识链接拥有巨大的潜力，要是在早期就把所有的路径堵死，只留下"大人认为正确的路径"，那么未来，他们如何拥有超越我们的思维能力呢？

曾经看过一个聪明孩子与天才孩子的对比，其中有几点印象深刻：

| 聪明的孩子 | 天才孩子 |
| --- | --- |
| 知道答案 | 善于提问 |
| 有好主意 | 有古怪甚至疯狂的主意 |
| 能回答出问题 | 追究问题的细节 |
| 技术人员 | 发明者 |

总体来说，就是，聪明孩子可以在既定的大框架内寻找到最优答案，但天才孩子可以打破规则框架。

现在，各位妈妈能不能也给我一些参考答案？当你的孩子问"妈妈，这个世界上有真的变形金刚吗"的时候，你该怎么回答？

# 3. 为什么我想让嘟嘟学英语

01

生嘟嘟之前，我曾经是坚定的"快乐教育"信奉者，不学英语、不学奥数、不学钢琴！

当然，"快乐教育"是个冠冕堂皇的好听名词，更确切的说法是——懒妈妈！

好吧，当然现在我还是这么想。嘟嘟2岁半时我送他去托前班，入学表格上有一项"是否上过早教课程"，我大笔一挥写"从来没有"，院长还诧异地抬头看了我一眼。

可是最近，嘟嘟迷上了一个Starfall，那是 个学英语的APP，我只是下了一堆别人推荐的幼儿APP自己在玩，他凑上来看了5分钟后一把夺过去，一口气玩了20分钟。

几乎每天，他都会要求，我可以玩ABC吗？为此，他可以付出很多代价，例如帮妈妈把拖鞋拿来穿上，把水果端给爸爸吃，亲妈妈10下。

然后，他可以玩上20分钟左右。可是他毕竟才满2岁半啊。

我深感欣慰，毕竟，我的理想就是让他5岁学编程，7岁开公司，9岁开发一个软件大卖，11岁卖了公司钱全给妈妈花天酒地！

顺便说一下，他对一个最低幼的图形编程软件 Scratch Jr 也感兴趣，在指导下可以让恐龙在森林里变大、变小、变消失，不过因为需要妈妈的辅助，但妈妈太懒只得作罢。

## 02

凯文·凯利在他的新书《必然》中预言，未来 20 年左右，大约 70% 现有的工作岗位将会消失！

20 年后，正是嘟嘟就业的时候，可是，作为妈妈现在能看到的工作岗位中，有 70% 将不复存在。70% 的职业岗位不存在？！这就意味着嘟嘟和我，不可能看得清未来的方向！

怎么办？！

作为妈妈，我只能现在多给他提供可能对未来有帮助的工具。

工具是什么？

就是婴儿时期你还无法爬，只能探索婴儿房的天花板。

等到会爬的时候，可以探索整个婴儿房。

等到会走的时候，可以探索客厅、厨房、卫生间。

等到会跑的时候，儿童乐园就不在话下。

等到会玩滑板的时候，方圆 3 公里"任我行"。

然后是自行车、汽车、飞机、火箭。

有了这些交通工具，嘟嘟就有能力探索世界的任何地方。

## 03

英语是什么？

可以是应试教育获得高分的手段。

也可以是探索世界很有效的工具。

比如我最近看了一篇文章，叫《9 岁小朋友的码农自我养成计划》，就是一位 9 岁的小男孩在 Coursera.org 上学习 Python( 一种运用较广的编程语言 ) 的经历。

在网络上，没有人在乎你是一名 39 岁事业有成、儿女成双，但打游戏过不了关，想自学编程做一个外挂软件的中年人，还是一名才上小学 3 年级，只会用两个食指打字，流着鼻涕的 9 岁小屁孩。

但前提是，你得会英语。

你要看得懂英语视频。你要能用英语向助教提问。你能跟印度、韩国和日本同学用英语讨论。

酷爱计算机的暖手同学，一个前码农，在德国读计算机专业的时候，某课程老师是 IBM 的高级工程师 ( 因为兼职大学老师能避税 )，教材是一年前编写的还被老师说太陈旧了。

他回到中国的时候，发现计算机专业的教材还有用 10 年前的，授课老师自己从来没有编过一行代码。

没错，我想说的是只有掌握英语这门工具，才有可能自学最新的课程，才有可能追上那 70% 即将诞生的新兴职业。

当然，其实我说的大约也是已经成年的你我他。

嘿，就算能在池塘里称王称霸，我也想要去大海瞧一瞧。

最后，用凯文·凯利的一句话作为结尾。

"我们现在还处在最开端的地方，大家都没有来晚。"

# 4. 孩子明天的成就取决于今天的你

好像每一位妈妈都有好多个妈妈、育儿、家长群。有一天几位妈妈在一个群里的谈话，震惊到我了。

一位妈妈的孩子今年 10 岁，这大概是四年级吧。这位妈妈说孩子特别喜欢军事，孩子自己动手写了一个公众号。这位妈妈发了链接，我点进去一看，题目是作战失败案例 1 :《黑鹰坠落——美军败走索马里》。

哎哟，这么专业啊！5 分钟的音频，还有相关配图，说得有理有据、有模有样的。题材自己选，内容自己写，音频自己录。

虽然我不是军事迷，但听起来也觉得内容选择不错，呈现形式也很丰富，跟听众还有一定的互动。我简直都想把他招来做新媒体运营了呢。

另外 位妈妈说到自己的孩了也是 10 岁,说孩子从 2 年前开始想要飞。

从飞起一个塑料购物袋，到做十字骨架的风筝，然后去买了做得更好的十字骨架风筝，进行仿制。然后了解到空气动力学、流体力学后开始琢磨自己做一对翅膀。再然后观察鸽子、麻雀等鸟类飞行时的起降方式，考虑翅膀的比例大小。最后自己上网找了骨架与滑翔伞布，制作了滑翔伞模型，用乐高小人做飞行模拟。整个过程持续了 2 年时间。

天啊，听完那个妈妈的介绍，群里都沸腾了。这哪是一个 10 岁孩子的简单探索啊(何况 2 年前他才 8 岁)，这分明是一个完整的产品发明过程。

暂且不说妈妈的教育方式这类话题。

我只想说说少年时我们似乎都是这样，为了兴趣（哪怕是奇怪的兴趣）废寝忘食。

我当年是这样的！

我小学开始读《红楼梦》，不知怎的就是喜欢，先是收集各种明信片、贴纸。为了一张特别难得的贴纸，甚至还鼓起勇气跟自己不太喜欢的男生说话。

那一年有一种烟花，烟花燃尽后卷轴放下是工笔画的"金陵十二钗"，我把自己的零花钱全花在上面，还怂恿小伙伴们一起玩。结果一个小伙伴太沉迷了还偷了家里的钱，她家长气势汹汹地冲到我家兴师问罪。

光收集不过瘾，还开始动手画关系图谱（要是赶上互联网时代，网上一搜啥都有了啊），背红楼的诗词。不知怎的，虽然我体格健壮，活泼开朗，可是深深喜欢黛玉。乃至我爸那几年只要带我出门，社交的话题都是，你看看，我女儿这么话痨，居然喜欢林黛玉……

就这样还是不满足，继而去看了一些红学考证，现在想来可惜当时没有互联网的环境，没有找到带路人，要不然我还真说不定能走上历史考证这条专业路径。

不过，从小到大，我没有因喜欢《红楼梦》而得到任何功利性的回报，没有在面试的时候遇到一个也喜欢《红楼梦》的面试官，也没有因为在书店翻阅红学相关的书而邂逅一份恋情。

不过回想起那些大段沉迷其间的日子，我仍然深深觉得有一种幸福感。

有一段时间，我很想写一篇文章叫作《当我说自己是文艺青年的时候，我是傲娇的》，想讲一讲那些看似无用的兴趣背后，到底带给了我们怎样的收获和欢愉。

当然文艺女青年的反面——理科男青年。也有他们自己的快乐。例如那个沉迷研究飞翔理论的 10 岁少年,7 岁时即懂得原子弹原理的暖手同学。

为什么长大以后我们是这样的?

知识付费的今天,大家都愿意花很多很多钱,去了解"学会沟通技巧,让你涨薪一倍""如何三天读完一本英语书"等。

我们要求孩子的是——数学、语文、外语,所有与升学直接相关的学习都是正确的,否则就是不务正业。在不停地"激"孩子的同时,也忘却了自己曾在童年收获的天真烂漫、嬉笑打闹。

其实,我很认同那句俗话"孩子是父母的一面镜子",这不仅是指遗传学范畴中的概念,更是反映了父母在栽培孩子这株幼苗的过程中所灌溉的观念。

只有家长认同先进的教育理念,对世界的改变怀有好奇和冲动,才能潜移默化地影响到孩子。

毕竟,当你有一颗种子的时候,你就成了一名园丁。

为了孩子最好的明天,你准备好了吗?

# 5. 亲子旅行中所遇见的困难，也许就是亲子旅行的目的

嘟嘟还有3个月才满4岁，已经是个出行的老手了。单日本就去了4次，要不是妈妈实在没有假期，他出门旅行的次数会更多。每次旅行回来，无论是语言能力，还是处理一些生活琐事的能力，他都有很大的进步。

有一次走在大阪街头的时候，我不禁想，带娃出行，不就是地铁、公车，逛街、吃饭嘛，在日本可以，在国内，如何不行啊？

于是，我立志要"带娃走遍江浙沪"。而且我还想了个新招，可以召集目标城市年龄差不多的小伙伴和妈妈，一起溜娃逛街，一方面嘟嘟可以认识新的小伙伴，我也结识一个新朋友，另一方面有了"地主"的支援，我就可以找到当地好吃的、好玩的，岂不是美事儿。

说干就干，在一个微信群征集了一下，果然来了个热心妈妈，好吧，向着苏州，出发！

## 准备工作

其实没啥好准备的，除了买火车票、订酒店，背包里要带的就是Kindle（给自己），iPad（给嘟嘟），换洗衣物一套，充电宝、手机、若干零钱。还有湿纸巾一包、驱蚊水小瓶，牙刷、牙膏和一把小雨伞。一个双

肩包，还空出一半来，搞定！

另外，之所以出门旅行，就是想要遭遇一些意外。在家里，什么工具都有，什么事情都顺，但毕竟，不是生活的常态。当然，这一切都是堂皇的理由，更私人的理由是，我是一个懒妈妈，毕竟，行李都是我背。

《哈尔罗杰历险记》——看书才是最棒的事。

带上 iPad 当然是为了打发大段大段的旅行空白时间，用在坐地铁、火车，等吃饭、睡觉前的大段时间上。但最近嘟嘟迷上了《哈尔罗杰历险记》，这套书明明是青少年读物，应该至少 10 岁的小孩吧（主人公是 15 岁和 18 岁），而且一开始就讲到印第安人用人头做装饰物，本来是我为了哄骗嘟嘟睡觉时随手翻出来的书，没想到他爱得深沉无比，每天晚上央求着讲一段。

本次地铁、高铁，等吃饭、睡觉前，全凭此书度过，好在这套书篇幅超长，情节曲折，任何时候开始和中断都不会觉得突兀。

周五晚上睡觉的时候，我问嘟嘟，你打算听妈妈讲一段《哈尔罗杰历险记》，还是自己看会儿 iPad？以前百战百胜的 iPad 这次居然大败而退（其实我是想自己看会儿书的），我只好又讲了 20 分钟的故事。

本次选择苏州的　大理由也是因为我想去诚品书店朝圣，可最终结果是，根本没有到达我的"战场"，全程在绘本馆度过，讲了一个故事，买了一本书。

回到家晚上抱着嘟嘟问，去苏州你印象最深的是什么？是坐摩天轮和旋转木马吗？还是认识小姐姐和小姐姐玩？

他思索半天说，印象最深是看书、听故事，然后倒头呼呼大睡。

作为前文艺女青年的妈妈，内心还挺欣喜的。

**交一个新的女朋友，吵吵闹闹、玩玩笑笑**

我一直觉得，旅行最大的意义，就是从另外一个视角去回望自己的生活。但这个估计孩子做不到。那么旅行第二大的意义，就是认识一些新朋友吧。所以，我的计划中，让嘟嘟和我都认识一位新朋友，是旅行重要的组成部分。

Yeah 是我的小密圈"明天的教育"中的一位妈妈，后来知道她也是资深的长投用户，她的女儿比嘟嘟大一岁，嫌爸妈起的名字不好听，给自己起了名字叫"雷伊"，她是个圆圆脸，有一个小酒窝的漂亮女孩。

在酒店门口见面的时候，俩孩子隔着 20 米就飞奔着冲过去互相拥抱，雷伊还热烈地说"好久没见啦"。( 太偶像剧了，你们难道是前世见过面吗？ )

但是 3 分钟之后，在小车上已经爆发了第一次争执，雷伊大声说"哼！我不想理你了，我跟你不是好朋友了"。我大笑，这分明是嘟嘟的原版台词，平素你欺负妈妈的台词，终于也被漂亮女生"报复"了！

在旁边观察宝贝的交友过程是一件非常有趣的事，毕竟，我们不能在幼儿园旁观。在早上 9 点准时见面，下午 5 点到达火车站的 8 小时中，他们从初识，到争吵，再和好，再赌气，整整玩了 6 次，我跟 Yeah 都淡定应对。

别忘了，我可是有 3 个孩子的人呢，在不久的将来，我要面对的可是两人关系"乘以三"的复杂局面呢！

当然，交友也包括我跟 Yeah 之间，我们聊孩子的教育、聊日本（他们家刚去冲绳玩，对日本印象很好）、聊苏州的规划、聊妈妈们的焦虑。午餐的时候加入我另外一位朋友，作为长投资深用户的 Yeah 比我还热情地向我那位朋友介绍长投的理念，港股打新的流程等。

朋友是旅行的意义，也是生活的意义。谢谢我和嘟嘟的新朋友！

**旅行所遭遇的困难，也许就是旅行的目的**

再回到旅行上来说，带孩子出行，是为了什么呢？

为了让他见多识广，没错。旅行中的风景，旅行中遇见的人和新结识的朋友，都会让他了解世界的多元性。

但我觉得，对于孩子而言，旅行有一个更可贵的地方，就是旅行，往往会遭遇一些困难。是在家里不可能会遇见的困难。孩子面对这些困难，是应对还是逃避，是妥协还是坚持，是乐观还是悲观，在很大程度上能够塑造孩子的品格，乃至影响他的未来，这一点，才是为人父母所追求的。

这次旅行中我遇见的坑就不说了，说说嘟嘟遇见的挑战吧。


**（1）棉花糖我很想吃，怎么办？**

到了诚品书店的时候，Yeah 给雷伊和嘟嘟各买了个冰淇淋，吃完不久，就发现了卖棉花糖的地方。雷伊大叫要吃棉花糖。

讲真心话，那个棉花糖真的很漂亮，连我都很心动。但是，不能养成想买就买的习惯啊。

于是我把嘟嘟拉到一边做了很多思想工作，跟他说，可以给你买，但我觉得你刚吃完冰淇淋，肚子还是饱的，你可以自己做选择。

他想了半天，说"我还是有点想吃的，但我可以忍住"。

那一刻，真的挺感动的，狠狠地拥抱了他！


**（2）想买很多很多书怎么办？**

去了绘本馆，嘟嘟像是老鼠掉进米缸。

看见了《爱探险的朵拉》系列书，又看见了《赛车总动员》的主角"闪电麦昆"，还有各种各样恐龙的书。

但妈妈说，只能挑一本！

很长时间内，就看他纠结地拿起一本，又放下，再拿起第二本。

选择是痛苦的！

可是他最后克服了自己的贪欲。选了"闪电麦昆"系列中的一本。（回来连讲了 3 个晚上，可见是真喜欢！）

昨天写财商，其实"资源稀缺性"是财商教育很重要的点。钱是稀缺的，所以必须要选择最重要的那个，很小就让孩子学会选择，学会比较和取舍，克服人性中贪婪的本性，是非常重要的财商教育。

### （3）饿死了，妈妈却不给我吃饭

为了让孩子们多玩一次旋转木马，我们出发去火车站的时间略有点晚，匆匆跟雷伊和 Yeah 告别后，我跟嘟嘟一路狂奔，终于赶上了高铁，已经六点半了。

嘟嘟一天走了 5 公里，精神处于超兴奋状态，再加上中午吃得少，已经有点饿了。

但狠心的"后妈"水湄决定不吃火车上的盒饭，一方面，真的很贵又难吃，另一方面，"后妈"水湄很想让嘟嘟体验"饥饿"。这是在家里，在爷爷奶奶、爸爸妈妈精心照顾下的孩子们很少有的体验。

其实嘟嘟还接受了"住在不同的地方""犯了错误不想承认怎么办？""如何跟小朋友和好""餐厅打破了杯子很惊慌"等种种考验，如果不是旅行，他可能无法遇见这些挑战。

没错，对于孩子来说，见多识广固然重要，去克服旅行中所遇见的种种困难（你也可以称之为挑战），可能才是真正重要的事儿啊！

# 6. 孩子不肯关电视机，妈妈应该怎么办

"五一"的时候长投线下活动，吃晚饭时，一个有 6 岁娃的宝妈问我育儿的问题。

她的问题是"怎样更好地跟孩子沟通"。

我一听，就意识到这是个伪问题，其实大部分妈妈在问"怎样更好地跟孩子沟通"的时候，真实的问题是"怎么让孩子更听话"。

于是我追问，举例来说呢？

"比如，他看电视的时候，一定要把一集看完才肯关电视，怎么沟通呢？"

果然，我没有看错，这个问题背后的基本逻辑就是"你怎么不听妈妈的话呢？妈妈让你关电视你就应该关电视啊"，如果可能的话，后面还有一句隐藏话语，"妈妈这是为了你好。"

说真心话，这事儿也无可厚非，在大部分家长的眼里，孩子毕竟是脆弱的、幼小的、需要保护。那当然需要制定一定的规则，这个逻辑出发点，其实没有问题。

有问题的是：

第一，这种规则是家长一厢情愿呢，还是跟孩子相互商议后决定的？

第二，这个规则是提前告知了孩子呢，还是突然被告知的？

第三，这个规则有没有可以商榷的余地，有没有中间提示？

**（1）规则需要与孩子一起制定。**

回到刚才这位妈妈的具体问题上来说：

看电视不能看完一集，而是按照时间规定（比如半个小时），这件事是妈妈一个人决定的呢，还是跟孩子商议后决定的？如果是前者，凭什么妈妈规定的事情做孩子的就应该遵守呢？

反过来说，如果妈妈事先跟孩子商议过规则，明确看电视半个小时后一定要关掉，并且孩子也可以看得到显示时间的钟表，既然大家事先已经约定过规则，那么不遵守规则就是孩子的问题，妈妈可以采取手段。

这种手段可以是立即关掉电视，也可以是下一次不让看电视。比如在我们家，我只要简单说一句"嘟嘟你答应过妈妈的事情没有做到，那么下次妈妈答应你的事儿也做不到"。这样嘟嘟就会乖乖关掉电视，因为他意识到这是双方的约定，如果他打破契约的话，我也可以打破契约。这样的话，我答应带他出去玩，答应给他买酸奶，答应晚上陪他睡觉，答应给他讲故事，这些所有的契约我都可以打破，想想不合算啊。

**（2）规则需要提前告知。**

看电视只能看半个小时的规则，是不是提前告知了。一般而言，如果这个规则提前告知，孩子都能比较通情达理地接受。但如果妈妈本来没有说过这个规定，自己在刷手机，突然一看表，呀，晚了，赶快的，你关电视上床睡觉。

凭什么啊？我看得正起劲呢！妈妈你事先又没有通知过我，凭什么突然规定啊。这个孩子也一定会出现反弹。

在我们家，一般给嘟嘟看电视或看 iPad 也会提前告知可以看的时间。

如果实在是事先没有告知，可以在意识到这件事的时候跟他商议，再看 10 分钟可以吗？他有时候会讨价还价，再看 5 分钟（可怜的嘟嘟还没有哪个时间更长的观念）。

成交！妈妈设置了 5 分钟的倒计时，时间到，他自己就会乖乖地关掉电视或 ipad。

最后一点就是这种规则有没有商榷的余地，以及有没有中途提醒。

其实所谓商榷余地就是又回到了第一点，这个规则是你们共同制定的，如果孩子不能参与意见，那么他为什么一定要遵守呢？

比如我说再看 10 分钟，嘟嘟就可以还价说再看 5 分钟或者 15 分钟（等他分清楚时间长短之后），那我就会陈述我的理由，当然他也可以陈述他的，最后大家达成共识。

在这个过程当中，他不仅有参与感，还能利用各种手段来维护自己的权利，还能感受到"坚持"和"妥协"的力量，这其实对于孩子而言是很好的锻炼。

至于中途提醒，那就是大部分孩子在沉浸一件事中，对时间是没有概念的（其实成人也一样），那么妈妈应该在快接近结束的时候，提醒下说，"还有 5 分钟啦""还有最后 1 分钟了"，这样给孩子一个心理预期，最后的结束也就比较顺理成章。

目前为止，这篇文章只是针对关电视这个具体的问题来讲述。实际上，我有一个基本的育儿态度，就是把孩子当作成人一样来尊重。

我回问了那位问问题的妈妈"如果你先生跟你说，看完这集我就去睡觉"，你会强行关掉电视机吗？

如果不会，那么为什么你对孩子的态度又不一样呢？

你如果觉得你的先生太累了应该早点休息，是不是会跟他商量一下？是不是会中途提醒下，你又看了半个小时了，真的要去睡觉了。

如果是会商量的话，那么为什么你不能跟孩子一起商量呢？

有些人会说，孩子毕竟还小，不懂事。

没错，孩子是还小，但并不代表在一些简单的事上，他没有自己的意见。

做家长的都希望孩子未来是具有独立人格的，是有思辨能力的，是能够与一些不喜欢的事对抗的，那么为什么在幼时，我们不给予他们这些权利和机会呢？

在做妈妈的过程中，我越发觉得，绝大部分的问题，都是家长自己的问题，而不是孩子的问题。

育儿的过程，其本质上是再次审视自己的过程，孩子只是一面镜子，真实地找出了我们的缺点和不足。我们需要的，不是去改造孩子，而是改造我们自己。

当我们自己变得更好的时候，孩子自然会变得更好。

# 7. "大神"的父母也会是"大神"吗

最近在看电视剧《微微一笑很倾城》，对产后恢复荷尔蒙效果很好。

不管是书还是电视剧，对肖奈父母的着墨并不多，"大神"肖奈的父母，他们也是"大神"吗？或者说什么样的父母才能培养出像肖奈那样的"大神"？

从一些小情节里可以看得出，肖奈的父母还是很有特色的，可以用来探讨出色人物的父母都是怎么培养孩子的这个论点。

## （1）良好的文化修养

肖奈的父亲是考古学教授，母亲是历史学教授，肖奈在文中文武双全，其中文的部分，应是源自父母从小对他的培养。肖奈会弹古筝，对诗词歌赋均有涉猎，也会跟父亲下围棋，棋艺还很高。可想而知，父母良好的文化背景，从小就对肖奈产生了比较大的影响。

考古和历史，是两门很有趣的学科，历史是没有完全的真相，只有不断去追溯真相的过程。而考古是一个模糊了文理科界限的职业，也就是说你既要有强大的文科历史背景，也要有丰富的实践知识和理性逻辑。肖奈的父母，不仅仅是只在象牙塔里教书的教授，更是直接去第一线做考古工作的实践者，像那样的知识结构背景，对孩子会产生非常深远的影响。

### （2）尊重孩子的选择

电视剧里有两个情节：第一个是他的父亲问他为什么选择游戏而不选择其他道路，肖奈给出了自己的理由"做老师是传道授业解惑，做游戏也同样是这个过程，而且更有趣，可以影响更多的人"。

肖教授想了一下，我猜他内心可能并不十分同意儿子的这个选择，或者不是特别理解，因为他不太了解游戏。但是他说"哦，我觉得你说的有道理，那你就选择自己的道路吧"。他提出了自己的疑问，也同孩子充分交流了意见，最后无论是否赞同，都尊重孩子的选择。这其实是家长非常难能可贵的品质。

第二个是当肖教授知道，肖奈的女朋友微微也是本校的学生，他去打探情况。虽然对微微系主任给予了很高的评价，但是书中写道"肖教授非常担心微微像系主任一样是个'灭绝师太'，这样他早日抱孙子的愿望就落空了"，不过虽然有这样的担心，但是肖教授并没有把担心告诉肖奈，更没有去左右肖奈的选择。

我们通常说过分强势的父母很难培养出非常优秀的孩子，这个优秀可能不仅仅是学业好，还能在自己的职业或者专业领域上做出一番成就的人。

因为人生会面对很多选择，你必须对自己的选择非常自信，即使遇到困难也不会退缩，而且这个困难还是你自己都不可能解决的才可以。而过分强势的父母会有两个问题：一是他们会过分强调他们的作用，帮助你去解决；二是由于他们过分强大，他们会很容易打击到你的信心。

基于这两个问题，有强势父母的孩子就会觉得，这件事情交给爸妈决定就好了，我爸妈说的肯定是对的。要么就是盲目逆反，不管爸妈说什么，我都不听。无论哪种情况，都不利于孩子独立做出判断，独立面对人生困难。

肖奈的父母就没有这样做。他们给予肖奈一个比较丰富的物质和精神的氛围。书中曾借微微的口说"像肖教授这样的书香门第,经济条件还是非常好的"。精神氛围就更不用说了,下围棋、弹古筝,言必"之乎者也",很小就打网络游戏(可见肖奈父母的宽容)。肖奈父母在自己的专业领域上面非常强大,可是在家庭关系上面是比较弱势的。然而正是这种弱势,塑造了肖奈的强大!

所以想要培养出一个像肖奈那样的"大神"来,家长自己不能强做"大神"。或者说,可以在自己的职业领域变成"大神",但是在家庭关系上面不能变成"大神"。给予孩子充分的试错空间、充分的尊重,才能培养出肖奈那样的"大神"。

# 8. 德智体美劳，哪个最重要

关于教育,我小时候有一句口号是"德智体美劳全面发展"。如果"德智体美劳"不能同时发展,作为家长,你会优先选择哪一项来重点教育孩子呢?

我给德智体美劳做了一些基本的定义——

德:指道德,又或者说社会公认和推崇的一些社会行为准则。

智:指智力。除了先天智力因素,后天可能指学习成绩等表现。

体:指体能。是否身体健康,是否体力充沛等。

美:指美育。良好的文化修养、美学品位,是美育的重要组成。

劳:指劳动。当然,现代的劳动不仅仅指体力劳动,更泛指各种社会实践工作。

综合家长们的回复,"德"和"体"的获票数比较高,选"美"的其次,"智"和"劳"都是低票。看样子,至少各位家长已经走出了"一切向学习成绩看齐"的误区。

来说说我的答案,当然仅仅是一家之谈,欢迎各种不同意见参与讨论。

我的答案首先是"体",其次是"劳"和"美",最后才是"德"和"智",

跟传统教育的德智体美劳的排序有很大的不同。说说我的理由吧。

### （1）身体差，总统也当不成

我一直觉得对孩子最重要的是三件事——"身体好""有毅力""眼界广"。前面两件事，都跟体能、体力有关系。

小时候，身体健康意味着上课精力容易集中，至少不会轻易缺课；成人阶段，大家一起加班，一起学习，体力更是第一保障；职业晋升，上司和人事部门都不会选择一个三天两头请假的病秧子；自主创业，员工也不会长期跟随一位动不动就请假去医院看病的创始人。

就连美国大选，体能也是第一参照标准。在繁忙的四年白宫任期中，总统必须要保持充沛的精力来应对各种危机。

### （2）体能强，人生会更幸福

你有见过一个常年坚持锻炼身体，但是经常郁郁寡欢的人吗？大概没有吧，反正我没有！我的印象中，喜欢运动的人普遍都笑容满面、阳光灿烂。而宅在家里的"沙发""土豆"们，倒是有很大概率患各种心理隐疾。

研究表明，对于轻度抑郁症患者，一项非常简单有效的措施就是坚持跑步。跑步可以提升体内神经递质如内啡肽和大麻酚的水平。内啡肽和大麻酚是什么？简单来说，就是你体内天然合成的吗啡和大麻，帮助你感觉快乐、开心、轻飘飘，有了天然合成的吗啡和大麻，你怎么会不感到幸福？！

还有，如果你喜欢的运动是团体运动，例如篮球、足球。或者就算是游泳、跑步这种个人运动，但是你经常结伴组团。那也就意味着你有更多、更良好的社会关系，而良好稳定的社会关系，也是幸福感爆棚的重要组成部分。

### （3）"美"和"劳"为什么重要

我个人的教育观点中非常推崇"社会实践"，尽早步入社会，获得社会层面的反馈，而不是仅仅活在学校这种虚拟备胎系统中。

学编程，就早点做一个小程序，甚至可以让大家公开下载试用；学写作，就开个公众号即时获得用户的反馈。

至于"美"的教育，说真的，我倒不是非常在乎所谓文化修养和气质养成这件事。但"美"的教育，最关键的是让你在成长的过程中，尤其是在成人之后，有一个自己的精神港湾。无论你爱好历史还是考古，喜欢收集手办还是收集美女图片，一个能够深入研究的爱好能够为你提供一个私人后花园。当你被俗世俗物烦恼时，你可以即刻逃离，休养，然后恢复，再次满血投入战斗。


### （4）关于"德"和"智"

关于智力的问题，我的体会是：首先，智力大部分都是天生的，天生的没办法改变。而且智力超高和超低的人都是极小部分，不用过于担心。其次，"以大多数人的努力程度之低，根本轮不到拼天赋"，在人生道路上，智力从来就不是决定性因素。最后，智力是一个会变化的，而且在各个领域并不均衡的指标。你 10 岁时数学考 0 分，并不意味着你 15 岁不能拿数学满分。你 10 岁时语文不及格，也不意味着你不能成为天才程序员。

然后来谈谈很多人推崇的"德"的部分。关于这点，可能我的观点会有更多争议。

比如留言中最常被提到的"善良、勇敢"，说真的，你真心希望你的孩子"善良"和"勇敢"吗？什么程度的"善良"呢？"善良"到愿意把家里所有的新衣服都送给街头流浪汉吗？"善良"到把小区所有的流浪猫都带回家来养吗？恐怕绝大部分家长是做不到鼓励这种程度的"善良"的。"勇敢"也是一样的，面对持刀抢劫的歹徒，你会鼓励孩子"勇敢"上前吗？我想我们能鼓励的，顶多就是从滑梯上滑下来摔疼了，愿意再尝试一次的勇敢吧。

因此在我看来，"德"很大程度是"社会行为准则"而不是绝对的硬标准。也就是说，如果不想成为伟人，对普通人来说，你并不需要拥有高尚的人格，只要不触犯底线就行了。

# 9. 快乐的孩子和乐观的孩子，你想要哪个

比较流行的育儿观念有一股"快乐风"，妈妈们聚在"快乐教育"的旗帜下，一起举手宣誓，我要孩子快乐地成长！

于是，有了以下这些现象。

孩子因为撞到桌子疼了，哭了。妈妈马上鞭打桌子说，都是桌子不好，坏桌子！宝宝不哭啦。

再大一点，足球比赛输啦，爸爸立即说，胜败乃兵家常事，别沮丧啦，爸爸给你吃巧克力。

我甚至听到过一些极端的例子，有个帮忙带孩子的婆婆，指着广告牌上的字教孩子认字，妈妈知道了大发脾气："我就是不要让他过早学认字，我要让他快乐成长！"

转移注意力，不让孩子感受沮丧和压力，让孩子尽量保持"开心和快乐"，似乎就是很多家长认为的"快乐教育"吧？！

但是，现实中你见过一个一直快乐的人吗？你见过一个从来没有沮丧和悲伤情绪的人吗？

一个孩子的成长，怎么可能永远快乐、幸福呢？父母的这些举动，无非是帮他建立一个挡风遮雨的屏障，但是当他越长越大，仍然面对这些情况的时候，父母还能继续遮住吗？

当撞到桌子的孩子在学校里被高大的同学撞倒了，他该怎么办？怪同学吗？

当足球比赛输的孩子在屡次求职面试中都输给别人，他该怎么办？再吃巧克力吗？

当从小没有认字的孩子进入小学后，被周围早就识字的同学比下去时，他该怎么办？把同学都"屏蔽"吗？

还有一种孩子是乐观的孩子。

乐观的孩子撞到了桌子，大哭！妈妈说，是不是很痛啊，妈妈抱一抱，下次走路的时候要注意观察哦。

乐观的孩子足球比赛输了，爸爸说，输了是不是很不开心啊？跟爸爸聊聊吧。等到孩子情绪平复后，爸爸还可以跟他聊聊战术改进的方法。

乐观的孩子没有早识字，进入小学后感觉自己和识字的孩子有差距，妈妈告诉他，因为你之前没有学习过认字，所以暂时比不过周围的同学，不过你经过努力后，肯定也会认识很多字的。

乐观的孩子也会面临沮丧和压力，但是他们会妥善地处理自己的情绪，会明白沮丧和压力只是暂时的，通过自己的努力是可以克服的，只要战胜这些困难，就能获得更多的快乐。

快乐和乐观的区别很简单：快乐是相对短暂的，是屏蔽了现实社会的；而乐观的人，不一定一直快乐，但至少可以面对现实社会，通过自己的努力去追求快乐。

快乐其实是一种结果，它可以通过简单的方法（父母帮助处理困难）获得，也可以通过困难的方法（自己的努力）获得。而乐观是一种品质，秉承这种品质，则会获得更多的快乐。

一个孩子的成长，不可能永远没有困难和挫折，比如在学校被老师批评、跟同学闹矛盾、在竞争中落败等。孩子遭遇的社会环境跟成人一样复杂，父母不可能永远帮助他们去遮蔽这些情绪和问题，唯一的办法只有培养他们乐观的情绪，才有可能让他们获得真正意义上的快乐。

# 10. 闺蜜旦旦的育儿法

我的高中是住宿制的学校，同学朝夕相处，感情不错，按一同学的话说就是"一年365天，除了周末和假日，除了睡觉，我们一直在一起。"

旦旦是我高中时代最好的闺蜜，每天吃喝拉撒加上睡觉都在一起，基本上，我们从来不单独行动，乃至如果有人在路上单独见到我或她，都会诧异地问："咦，另一个呢？"这通常是她痛心疾首跟我说三遍垃圾食物的坏处我仍然坚持去校外小店买方便面、火腿肠的时候。

上次高中同学聚会后，我们结伴去看生二宝坐月子的同学。

二宝妈家的人宝6岁了，明年该上幼儿园大班了。她搬出玩具，请我们吃抹茶冰淇淋，旦旦问："这个抹茶冰淇淋多少钱啊？"大宝没想过这问题啊，随便吧，"100块"（一般来说幼儿园阶段的小朋友都没有价格这个观念的吧）。

在座的齐齐惊叫："一个冰淇淋卖100块，也太贵了。"

大宝见受众反应激烈，立即说"那就5块吧"，我正想继续讨价还价的时候，旦旦开口说："5块就5块吧，但是我只有一张10块的，我给了你，你应该找我几块啊？"大宝估计生活中连买东西都没遇到过，更别提还要找钱的事儿了，于是赶紧向妈妈求助。

旦旦在后面说道，其实对比较小的孩子来说，数学就是生活中的事儿，这种模拟的买卖游戏，可以帮助小朋友理解数学的基本概念（《好妈妈胜过好老师》一书中也提到"家庭商店"的游戏帮助学习数学之类的）。

**02**

据说旦旦的女儿小叶子在幼儿园中班时就捏着钱去买冰淇淋之类的了，这不仅是数学了，还是与人交往的能力。小叶子小时候胆子较小，我见她 2 岁左右时去幼儿游乐中心，所有的设施都不敢玩，连摔跤之前都要左右四顾找个软的地方才一屁股坐下去，这似乎是天性（感觉小朋友还是有天生的性格的。别说孩子了，一胎生出的猫崽儿和狗崽儿也有天生的性格）。但是旦旦说，生活中就多锻炼她，要问路了，别躲在妈妈身后，你自己去问啊。多锻炼几次，也就胆大了。

旦旦还有一句惊天地泣鬼神的名言"不要去讨好老师，而要让老师来讨好你"。

众人皆惊，问："怎么才能做到呢？"

"独立能力啊。小叶子学校的各个老师都喜欢差使她，原因是她完成得好，又能管理其他小朋友。"

话说同学聚会一开始小叶子就为其他小朋友（包括我们家 10 个月的嘟嘟）准备好了小纸条，表现好就给五星，事后总结谁表现最好还给小礼品（她自带礼品）。我那当了几十年教师的公公婆婆立即感慨说，这就是老师最喜欢的那种小干部。

（对于中国式的小干部管人我持保留意见，而且嘟嘟是男孩子，估计学这招也难。不过总体来说，能把自己的事儿做好，顺便还能带动大家，这就是领导力了，也确实是老师会喜欢的。）

**03**

其他的例子还有不少，例如选择业余爱好，可以让小朋友自己选，但是要自己安排好时间，而且必须取舍，要多选一样就必须放弃一样，要家长付钱的就需要付出更多的努力。小叶子参加英语竞赛，爸妈问的第一句话是要钱吗（我个人觉得虽然家长都是付得起这点钱的，但至少让孩子知道这些机会是需要付出代价，促使孩子更珍惜这些机会）。

教育的核心是"自己的事情自己做主，学会时间管理，知道所有事都是有机会成本的"（多少成人都还无法做到这几点）。

中途旦旦有点动情地跟我说："我总觉得有一天是要离孩子而去的，万一她还没有成人，我们就离开了怎么办，因此要早点培养她的安全意识、独立能力，她越早独立，我就越早放心。"

其实她的育儿法也很简单，总结一句话就是"生活是你的，也是我的，但归根结底是你的，爹妈总归有一天要离开你，所以一切都要靠你自己"。

我生嘟嘟前后已经看过不少育儿书籍，深得我心的大约还是薛涌的《一岁就上常青藤》一书中的"常青藤法则"。核心即把孩子（哪怕只有一岁）当成一个独立的人，与他平等对话，与他一起探讨共同生活的规则，培养他独立做决定的能力。

之所以比较能接受这样的观念，就像我跟旦旦说的"我受不了做全职妈妈，我有自己的事儿要干，我没空儿去安排好孩子的一切。"

就算是个新妈妈，我也不认为孩子就是天使，要我说，孩子就是天使和魔鬼的结合体，用个更准确的词儿，他就是人类。所以他会有人性的光辉，也会有人性的阴暗。一个孩子降临到一个家庭，就像在没有离婚概念的世界盲婚一样：因为无法离婚，所以你必须要选择去爱他；因为是盲婚，所以你必须要试着理解他。

他不可能跟你是一样的人，不可能跟你有一样的经历，不可能活得像你想象中的那么完美，但是他会一直爱你，所以你也必须要尊重他，同时爱他。

# 11. 学会这三点，与时间和平相处

　　大宝嘟嘟现在 2 岁半，下周才能去上幼前班，工作日白天爷爷奶奶管，晚上跟我住。嘟嘟正好是最黏妈妈的时候，每天都跟我互相说我爱你说到我感觉吐为止，早上起来也要相互亲到我觉得脸上全部都是口水为止。总之，是非常需要妈妈陪伴的特殊阶段。

　　因为怀一胎的良好体验，所以对二胎掉以轻心，没想到 2 个月左右的孕早期恶心、犯困，每天要睡超过 14 个小时才行。然后是心慌、体弱，洗个澡出来要躺着休息 20 分钟才能站起来。

　　5 个月时肚子已经大到不行，基本上无法在椅子上直着坐，身体必须后倾 30 度，才能用电脑。容易心慌气短、激动、发火。

　　晚上也睡不好，除了嘟嘟偶尔醒来会出点状况（如吃坏肚子呕吐啊，尿布被他撕开了漏床上啊），怀孕期间本来睡眠就不安稳，加上后期肚子越来越大，更不舒服。

　　反正照医生的话说，你是高龄又是双胎，第一胎还是剖腹产，趁早别想上班的事儿了，回家躺着休息吧。

　　但现实就是"创业狗"还是要上班的，跟一般上班不一样的是，有些事你管也得管，不管也得管，何况今年公司变化比较大，面临很多挑战（也可以说机遇），必须得撸起袖子自己干。

总之，孕期刚开始的时候真的痛苦得要命，嘟嘟需要时间，我的身体需要休息，公司需要时间投入，感觉把自己分成两三个都不够。而且因为没有留给自己的时间，不能看书、看电视剧，加上荷尔蒙波动，感觉真的生无可恋！

不过后来自己调整得不错，跟大家分享一下心得。

### （1）把自己当成一个感冒 10 个月的人

这个结论看上去有些古怪，让我解释一下。

怀孕初期，我还是抱着力求事事都做好的态度，工作不迟到、早退，也绝不克扣与嘟嘟的相处时间。但是实际上，自己的体力无法达成，所以累得够呛。只好压缩以往自己看书、看电视剧的时间，硬撑着，每天睡眠不足，焦头烂额。

突然有一天明白了，怀孕是一场感冒：感冒的时候你头昏眼花、四肢发软；感冒的时候你睡觉比别人用更多的时间；感冒的时候你需要适度的休息、充分的营养；感冒的时候你不会逼迫自己长时间熬夜加班；感冒的时候你会了解，无论怎样，总是需要 2~3 周的时间才能痊愈，这当中任何措施，只能缓解症状，而不能根治。

好吧，那就把怀孕当成一场持续 10 个月的感冒吧。

我不再强求自己每天一定要在办公室里待 9 个小时，我在感觉不太好的时候，经常会迟到、早退（感谢我这份时间自由的工作和团队小伙伴）。周末时陪嘟嘟的法定时间，我也会要求公婆助一臂之力，可以让我适度休息。

我接受了自己是一个有一点生病的人，除了没法剪脚指甲，不能跑马拉松，我尽量做到一个感冒的人能够做到的一切。

现实中，似乎每一个人都向往"这个妈妈带 5 个萌娃，还考上哈佛博士""1 年完成 MIT 的 33 门课程"这样的高效生活，每个人都热切地期盼自己也可以做到。但事实是，完成 33 门课的 Scott Young 是我长期追随的博主，他后来还完成过 1 年挑战学 4 门语言的极限，但他也承认，那些时间中逼迫自己太紧，以至于后来要花很长的时间来做休息调整。而考上哈佛博士的吉田穗波，也运用"外包"（其实就是请保姆和钟点工）和"事做一半就好"（不苛求自己）的一些原则。也就是说，他们也只有 24 小时，谁也不比谁更多一些。

　　其实，我最大的心得就是，接受自己是一个病人（不完美的人），心平气和地去对待时间，就是"与时间做朋友"。我不期望战胜时间，也不希望被时间碾轧，顺其自然，在工作的时候就专注工作，下班后和周末不再把工作带回家，专心陪嘟嘟，温柔对待自己的身体和情绪（必须承认，怀孕后真的比较容易发火），耐心等待着 10 个月的感冒痊愈。

### （2）大部分的事都可以不做

　　心态调整回来了，当然还是不够的。因为时间就是这么多，每天 24 小时，我一定不会比别人更多哪怕只是 1 分钟，那么怎么办呢？！

　　其实也很简单，做那些最重要的事，放弃大部分不那么重要的事。

　　这些年来，我在时间管理上得出的最重要的经验就是：遵循二八法则，只做那些最重要的事儿！

　　其实，二八法则和做最重要的事儿，不仅仅在时间管理领域，在其他很多领域也是成立的。比如，我对团队的要求一直都是"七分想，三分干"，不要用太多时间埋头干活，而是需要经常抬起头来看看天，看看你正在走的路，你正在做的事，是不是去往你要去的那个目标。

想清楚了这一点，用很多时间来考虑（当然包括在床上躺着休息的各种时间）什么才是工作中最重要的那些事儿。同时，削减了大量的工作时间，把更多的职责下放给团队（再次感谢团队小伙伴们和暖手同学），同时，在我认为更重要的事上投入更多的时间，慢慢调整后，发现公司的运转，似乎并没有因为我减少工作时间而停滞。

或许有人会说，这是因为我是公司的股东，才能做到这样。其实不然，大部分人在时间管理上的误区都是"哦，我尽量削减刷微信和看电视的时间，用来看书"，逻辑似乎并没有错误，但是看书对你而言就一定是最重要的事吗？

给予最重要的事更多的时间，为此把大量并不重要的事省略不做，恐怕才是时间管理的最大秘籍吧。


### （3）一定要留给自己一些时间

其实从嘟嘟出生之后，我就很少有"自己的时间"。

以前一年看 100 本书不在话下，当季的美剧一部也不会落下，经常跟暖手同学去看电影、吃甜品。总之，与婚前无异，因此一直跟周围的人说："其实结婚前和结婚后也没什么区别啊。"

做了妈妈之后，世界发生翻天覆地的变化，尤其是嘟嘟 10 个月左右我辞掉了住家的阿姨之后，似乎生活就只有两个部分。

工作日的白天，是属于工作的。工作日回家之后，是属于嘟嘟的。周末的时间，如果工作忙就分给工作，要不然就是陪嘟嘟。

一度差点抑郁！自己对着镜子（和暖手同学）放狠话说，我生出来不是只为了赚钱和带孩子的！

怀双胞胎初期更为焦虑，晚上睡眠不好，白天体力又差，加上荷尔蒙波动，整个人就像靠近热源的火药桶，接近爆炸的边缘。

后来慢慢降低工作强度，也慢慢调整心态。终于发现还是应该要留给自己一些时间。晚上睡不着就打开 Kindle 看书，开始的时候看网络小说，再看金庸全套，看了几周略有些内疚，改看英文小说，渐渐地，晚上那段本来最难熬的失眠时间，变成了我的自由天地，夜里三四点钟肚子饿了也毫无歉意地打开冰箱吃东西，回房亲亲嘟嘟的脸蛋，继续看书、看电视。整个 4 月看完 9 本书。

每隔 2~3 周的周日，请公公婆婆把嘟嘟带到他们家。我跟暖手同学在家享受自由天地，中午叫个小龙虾和辣螺蛳，随便看书或看电视剧，然后回房睡个惬意的午觉，晚饭时间再去领嘟嘟回家。

啊，给自己留一点时间真的太重要了！有了这些属于自己的时间，哪怕工作再多一些、哪怕嘟嘟再闹一点。时钟敲过 12 点，我的秘密花园就自动开启。

以上就是自己怀孕后的一些心得。其实不仅仅是时间管理上的，也是一些生活的态度：第一点不要苛求自己；第二点只选择最重要的事做；第三点对自己好一点。

和时间、生活，和平相处。顺其自然，但不随波逐流，大约是我现在过上的幸福生活了吧。

## 12. 当你长大了，
## 还会记得跟妈妈赌气的那个午后吗

当妈的都知道，长假是灾难，学校放假，熊孩子没地方去，阿姨放假，家里没人帮忙，外面人山人海，去哪里都是人满为患。自从生了孩子，我最讨厌放长假，哼！

不过长假期间还是在双胞胎的各种哭闹包围中挤出一天，带嘟嘟去苏州玩。一共 7 个家庭，10 个孩子，最小 1 岁最大 9 岁，像一个夏令营的编制。嘟嘟第一次混在那么多哥哥姐姐中，还有叔叔阿姨们拿出平时都不让他吃的各种小零食，他开心极了。园博会逛完早已错过午睡时间，在去农家乐的 5 分钟车程中，嘟嘟在第 30 秒就沉沉入睡。

我只好让爸爸先跟大部队会合，自己在停车场等他小睡起来。一小时后，他终于醒过来，我说进去吧，还带着起床气的他，大闹说"不要下车、不要下车"。晚上伺候双胞胎超累的我也火了，把车门"砰"一声拉上，说"那我们一起待在车上吧"。

于是在后座，两个人赌气都不讲话。

我并没有多生气，只想看看这倔孩子能撑到什么时候。

周围异常安静，车停在农家乐旁边一排浓密的树荫下，周围都是农田和农舍。

嘟嘟还是不吭声。

但我们的头靠在一起，隐隐闻得到他身上特有的奶香味。

我在想，当他长大了，他是否还记得跟妈妈赌气的这个午后？

在他的记忆里，是那个妈妈不肯妥协，心情超级糟糕的午后吗？

还是会记得，风吹过树叶沙沙作响，近边的农舍传来狗吠声，正在球场踢球的哥哥们嬉闹的声音？

阳光，从树叶与树叶的缝隙中透过来，一只蜻蜓，悬浮在空中，让人疑惑它是怎么对抗这并不算小的田野轻风。

嘟嘟的头跟我的头紧紧靠在一起，他动也不动。

我在想，当他长大了，在他的记忆里，是那个没法去踢球，没法吃零食，没法去看叔叔们钓鱼的超级无聊的午后吗？还是会记得，每天晚上陪睡的妈妈，传来身上那个让人安心的气味？

日头，慢慢落下去。光线，慢慢柔和起来。母鸡在咯咯咯，小鸡在叽叽叽，反而衬得四周，无比安静。

嘟嘟的身体，放松下来，软软地靠着我。他偷偷把小手伸过来，钻进我的手掌里，就像每天晚上睡觉前那样。

我在想，当他长大了，他是否还记得跟妈妈赌气的这个午后？

在他的记忆里，是那个在狭窄的空间里孤独一个人的午后吗？

还是会记得，既没有会跟他分享妈妈的爱的双胞胎妹妹，也没有有时候很棒有时候很凶的爸爸，只有他和妈妈，两个人的世界？

远远地，爸爸走过来了。

嘟嘟紧紧地在我身上抱了一下，然后站起来，他准备好去玩了，去钓鱼、去踢球、去吃烤全羊。

当你长大了，你还会记得跟妈妈赌气的这个午后吗？

无论如何，妈妈会永远记得，这个安静和美好的秋日午后。

# 13. 育儿领域的三大"邪教组织"

育儿领域有三大"邪教组织"，它们的宗旨或许没有问题，但问题是，它们总是认为"非我族类，其心必异""顺我者昌，逆我者亡"，让所有不在此阵营的妈妈爸爸们很是恐慌。

结果就是，准爸妈们要么甘心举手投降，要么虽游离组织之外但也人心惶惶。

## （1）母乳喂养

说起母乳这件事，我真是一脸的泪，第一次月子中也为母乳不足之事尝尽百草，焦虑万分，最后险些走上抑郁症的道路。

母乳喂养这件事的大方向是没问题的，我也赞成母乳喂养，我也认为母乳自带抗体，营养更佳。但问题是，母乳喂养组织的忠诚粉丝们，把非母乳喂养的妈妈们，推上道德审判台。她们的口号是"人人都有足够的母乳"。我就是那个用尽所有的办法，但无论第一胎还是第二胎，始终母乳不足的妈妈。

但是在"母乳喂养大过天"的宣传影响下，第一胎母乳不足的我，始终觉得此生愧对嘟嘟，在第 4 个月没有母乳无奈断奶的情况下，撕心裂肺大哭了一场，觉得自己是个失败的母亲。

生双胞胎仍然遭遇母乳不足的问题，这次我终于脱离组织的影响，明白母乳虽好，奶粉也不差，最重要的其实还是妈妈的身心健康。不必过分愧疚，健康活泼喝奶粉长大的嘟嘟就是最好的证据。

### （2）绘本阅读

说起阅读这件事，我也算是多年积累、颇有经验。喜欢看书、阅读，基本能保持每年 100 本书的阅读量，说出去也不算丢人。但是一进入儿童阅读领域，立即蒙了。

尤其是当我听到有妈妈问："你们觉得 2 个月的宝宝应该读什么书好？"

2 个月？！

我没有听错吧？！

2 个月，视力都没有发育好，这时候就要研究读什么书？！

这个问题还真有人回答，"2 个月适合看布书，别管看不看得懂，先培养下阅读的感觉"，我顿时觉得五雷轰顶，其实我猜给布书或给抹布对宝宝来说都没区别，都是抓过来啃着流口水而已。

在我看来，阅读这件事，关键在于妈妈本身是否有示范作用。如果逼迫孩子阅读，但妈妈只喜欢刷手机，嘴上说书是人类最好的朋友，但行动上却把韩剧当作最好的朋友，那么用不了多久，孩子自然可以看出当妈的表里不一。

即便是我这样喜欢书的人也必须承认，理解这个世界，并不是只有阅读这一条途经。喜欢看书当然不是坏事，但也不必过分迷信绘本阅读这件事。

（3）英语学习

虽说我也吃过英语不好的亏，我也承认学好英语能够与这个世界大多数人发生联结，但我仍然觉得，在英语学习这件事上，妈妈们过于狂热了。

书只买英文的，动画片只看原版的，幼儿园就开始参加各种英语补习班，价格还都是几万元的。

有一个笑话说，中国人认识最多的单词，除了 sorry、yes、no 之外，就是 abandon 了（因为各类字典第一个单词就是 abandon）。我觉得这个笑话的衍生版可以是，中国孩子最喜欢吃的水果就是 apple 了。因为我每次路过一些幼儿英语辅导中心，都能看见爷爷奶奶们，拿着苹果，用奇怪的口音对孩子说："来，说，apple。"

认识几个单词对英文能有多大的帮助？以及是否值得花这么多时间去学一门工具而不是真正的知识，实在是令我存疑的事情。

对于英语我的终极解决之道是——请了一个不会讲中文的菲律宾佣工！

育儿领域内，有太多不靠谱的专家，不可信的组织。能够保持自己的清醒也确实不易。

我唯一奉行的原则就是：己所不欲，勿施于人！

母乳喂养，有，最好，没有，也不是世界末日。与其培养孩子的阅读习惯，不如先培养妈妈自己的阅读习惯。至于英语，找个英语好点的菲律宾佣工就能解决问题，还能陪妈妈练口语呢。

内心丰盈，**生活乐趣** 自然多

# 1. 终于迎来了我的嘟嘟

得知消息的那天是 3 月 30 日，那天晚上我跟 meiya 在福州路的季风书店做新书的"读者分享会"，真没想到来了这么多人，我们很感动。

我记得有人问了一个问题："我身上有这样那样的缺点，怎么改？"

我回答说："你不会喜欢一个完美的自己。我爸爸很胖，但是我爱他。暖手同学有时候脾气很臭，但是我爱他。我是一个有很多缺点的人，但是我爱自己。"

然后我说："你已经是别人的女儿，也会变成一个人的爱人，未来，也许你也会有儿女，他们都会全心全意地爱你，无论你有怎样的缺点。"

我被自己的回答温暖到了，因为我会被很多人，全心全意地爱着。

那天回到家，我查了一下，当那张小纸片隐隐显出两条杠的时候，我立刻抓狂，大声呼喊暖手同学，手颤抖着把纸片递给他，"凶狠"地问："是不是两条红线？"当时他如果敢回任何让我不满意的答案，我肯定立刻把他撕得粉碎。被逼到死路的可怜的暖手同学的回答是——"你别再拉我的裤子啦！"

我眼泪狂飙，为这一天的到来我吃了不少苦头。自小身体强健，除了外伤很少进医院的我，为了怀孕这件事，医院快被我踏平了，吃过的药五颜六色各种品种，小手术做了好几个。

有一次从全身麻醉中醒过来，手术车已被推到走廊里，睁开眼，白晃晃的天花板、白晃晃的日光灯，身体落后于意识，还完全不能动，一刹那觉得，恐怕这就是再世为人了。

我爸妈因为心疼我，一度放话说宁愿不要小孩了，我亲戚中也有没有孩子或者不愿要孩子的，日子过得不错，我爹妈有了参照，觉得宁愿要我身体康健，幸福喜乐，他们爱小孩的心可以不管了。

纵然这样，我也没有后悔过。我是一个自私的人，但这件事，是我想做的。我想过不要婚姻，我绝对不做全职主妇，但我从来没有想过，不要小孩。

于是这件事姗姗然的，终于还是来了。

第一次检查，血值颇高，回来查了下，说有双胞胎的可能。我爸妈立刻举例我表哥生的是龙凤胎，以此证明我们家族的遗传因子。果然第一次照到了两个孕囊，乐晕了，还"顾虑"万一是两个男孩岂不是会被折腾死。

但上天总会给你一点挫折，再次检查的时候，说其中一个孕囊已经停止发育，到底是什么原因也说不准，医生说怀孕是件奇妙的事，你只能听上天的安排。暖手同学则说是另一个家伙太凶悍，在这么早的时候就独霸全场。好朋友说两个人在肚子里说不定猜过拳,输的人愿赌服输……总之，我用了不少时间来恢复略有悲伤的情绪。

最近豆瓣上很多讨论女性选择的问题，我觉得，你可以选择一辈子单身，可以选择丁克，可以选择生18个孩子，也可以选择同性恋，只要你自己过得快乐，你可以选择任何一条道路。

在单身的时候，我不会迫于社会压力,随便找个人草草结婚。在婚后，我想要一个像暖手同学那样会嘟嘴巴的小孩，这条路虽然艰难，我到底得偿所愿了。

## 2. 每天活在偶像剧里

"妈妈，你是我最好的朋友！"

"妈妈，我好爱你！"

过了一会儿，大约是我不肯让他动我的电脑。

"妈妈，你已经不是我最好的朋友了。"

"可是，我还是喜欢你的。"

"可是，我还是爱你的啊，嘟嘟，你还是我最好的朋友啊。"

妈妈冲上去强抱。

嘟嘟挣扎、挣扎，最后半推半就。

"唉，妈妈，我爱你，我们是最好的朋友。"

"妈妈，你抱抱我吧，妈妈，要从后面抱着我。"

妈妈拥抱。

"妈妈，我们一起去看风景吧。"（就是拉开窗帘，往外面看。）

"妈妈太累了，你自己去看吧。"

"妈妈，不要怕，我会保护你的。"

"妈妈实在太累了，爬不起来。"

"哼，妈妈，你再也不是我的好朋友了，我再也不爱你了。"

妈妈把他"扑倒"，搔痒，他大笑。

"妈妈妈妈，投降投降。唉，妈妈，我真的是爱你的呀。"

亲吻，拥抱。

晚上陪睡的半小时内,这样的分手、重聚的戏码,可以来回演出四五次。

哎呀，我真是每天都生活在偶像剧里呀！

# 3. 怎么把普通酒店的免费早餐吃出米其林三星的感觉

我们公司团建去北海道住的酒店还挺不错的，但是再不错，也不是啥豪华五星级酒店（想想我们公司团建住的酒店居然是我去日本这么多次住得最好的一次，我也是深深感觉到了自己的抠门儿）。

酒店的早餐也不错，但是再不错吧，也不过就是寻常的面包、火腿肠、粥和酱菜。

你看，生活这样普通，使得我等寻常人只好混混日子。

直到"二大爷"（常驻日本的同事）给我端上一碗明太子烟熏鲑鱼梅子茶泡饭。

别小看茶泡饭，在日本的饮食当中颇占据一席之地。《深夜食堂》当中就有谈过茶泡饭的，顶尖的米其林餐厅也有茶泡饭的菜品。

可是，酒店早餐并没有这道菜，我看着"二大爷"这色香味俱全的茶泡饭，充满了好奇。

梅子和饭都很好解释，毕竟早餐供应这个。烟熏鲑鱼和明太子也是餐厅供应的（这就是为什么我说这家酒店早餐还不错的原因）。

可这带着鲜味的抹茶水是哪里来的呢？毕竟，正常的茶泡饭是要用高汤来冲泡的啊。

"二大爷"指了指远处饮料供应处。

哦，是了，除了牛奶、咖啡、橙汁，那边还放着可能是适应日本人饮茶习惯的抹茶粉。

我继续问，那么这水就是热水吗？为什么吃上去很鲜美呢？

他回答说，加了一点盐调味。

哦，难怪了。

百鲜盐为先，任何菜品，没有盐调味，味道都不可能鲜美。

何况，这是海边的城市，这盐，是海盐，天然带了海味的鲜。

于是，这家日常的酒店附送的免费早餐，用了来自饮料区的抹茶粉、来自中餐区的米饭、来自海鲜区的烟熏鲑鱼和明太子，还有零食区的一些海苔片和梅子，拼凑出这堪比米其林餐厅的明太子烟熏鲑鱼梅子茶泡饭！

前面说了，这是普通酒店，是普通的早餐，我等是普通人，因此吃得颇为普通。

可是不普通、不寻常之人，例如巧心思的"二大爷"，就能吃出花样，吃出趣味来。

人跟人，有时候，就差了那么一点点，只有一点点。

花一点点心思，生活就可以不普通。

我不建议女生买超越自己经济能力的衣服、包、鞋子、口红什么的。

但我确实建议女生对自己好一点。好一点这件事也不是一定要花钱才能办到的，比如我有一个朋友，全职妈妈，自己在院子里种花，鲜花盛开的时候，每天早餐，必去摘一朵带露珠的鲜花放在餐盘里，日子过得跟神仙似的。

我不觉得这种是矫情，生活可以很普通，但用一点心思，也可以很不普通。

当然，我不是这样精致的人，我用别的方式给自己的生活找乐子，总而言之，"二大爷"也好，全职妈妈仙女本人也好，甚至任何时候能躺着绝不坐着基因里都带着偷懒两个字的我本人也好，都是想法让普通生活过得不普通的普通人。

正如我说的，生活，可以很普通，但也可以很不普通，完全取决于你怎么对待它。

你可以在普通酒店用普通材料做一碗米其林才能吃到的明太子烟熏鲑鱼梅子茶泡饭。

你可以仅仅凭借手机就把漫天雪景拍出媲美摄影展水平的美图。

你更可以像嘟嘟一样，只要踩雪就觉得已经是人生最好的旅行经历了。

是普通的生活，还是不普通的经历，只取决于你是不是愿意，并且花一点点时间，去追求不普通的事儿。

Part 6　内心丰盈生活乐趣自然多

# 4. 上有老下有小的旅行意义在哪里

**（1）最难忘的电话会议**

在拉斯维加斯老区的步行街上，我开了应该是人生至此最难忘的一个电话会议。

当地时间是下午六点半，带着二老和一小出门，但这恰是上海时间周四早晨九点半，例行的营销组会议，我远程语音参与。

当时的状况是这样的：我左手牵着嘟嘟防止兴奋的他在混乱的街头走丢；右手拿着相机拍照和录像；左耳朵插着耳机在听会议发言；右耳朵还要回答我爹"应该往哪里走"的问题。

大脑同时要考虑哪家餐厅会比较好吃，同时，你懂的，这是赌城老区的街头，我还要收到各种惊喜、惊吓的冲击：各种裸男、裸女，粉红翅膀的同性恋支持者……

左手、右手、左耳、右耳、大脑和眼睛在执行不同的任务，那一刻真有一种恨自己没有章鱼基因的心情，要不然就可以长出八只手来干活了。

上有老，下有小，事业和家庭必须兼顾，中年油腻妇女的种种焦虑，简直就是我那个时候最真实的写照。

我为什么要这么拼啊？！

当时当地，我还能腾出一些脑容量，去考虑，我为什么要这么拼啊？！

但是，真的很有成就感。

当我搞定了价廉物美（跟老人出行，物美真不一定，价廉却一定要）的晚餐，没有让一饿就头晕的妈妈闹出什么问题；

当我终于安抚了因为累了、饿了而大发脾气的嘟嘟；

当我终于找到了埋头发朋友圈照片的我爸（好不容易出国旅行总要炫耀一下）；

当我用仅存的大脑细胞跟地球另一边的同事讨论工作进度之后，说实话，我还真的蛮有成就感的！

当然，相机里也收录了很多照片，可以与这次没有出行的公公婆婆分享，这也算很有成就感的事！

这次美国之行，上有老，下有小，是人生中最累的一次旅行。

嘟嘟的节奏当然永远跟我不对板：我累得要死的时候，他活蹦乱跳；我刚喝完咖啡打起精神，他在车上呼呼大睡，还硬要拉住我的手。

爸妈当然简单很多，吃的无所谓，但要考虑到我妈的血糖病不能吃甜的，考虑到我爸吃高血压药容易找厕所要随时注意附近是否有厕所，考虑他俩的中国胃最好中餐还带热水，考虑吃饭不能太贵，给小费不能太多，拍的照片要方便发给朋友炫耀，是的，其实也不算难搞。


**（2）我认为的旅行的意义**

但是，这是我真正意义上第一次陪父母远程旅行，当然陪过国内旅行，陪过日本旅行，但那些旅行，都伴随工作，感觉没有这次这么强烈。

这大约也是这次，顶着暖手同学说你又逃避工作的轻讽，拿出 10 天来美国之行的原因吧。大约是我不想有一天，会后悔并没有好好陪过他们吧。

当然，出钱给爸妈报个高级旅行团也算很孝顺，但似乎没有这种陪伴来得好。这种每天相守在一起，在异国他乡的陪伴，也让我感受到生命中来自他们的那些基因。

比如我其实一直更崇拜我妈，少年时候嫌我爸胆小又懒散。这次出行才发现，我爸根本没有时差，吃什么都津津有味，看什么都兴致勃勃。我身上那种随遇而安（你也可以叫毫无组织性）的个性，那些旺盛的好奇心，以及我和嘟嘟的话痨体质，全部都遗传自我爸。当然，一定要用贬义词，那么缺乏毅力、执行力弱，以及懒惰、嫌麻烦这些，我都跟我爸一脉相传。

与父母一起旅行，让我感觉与他们血脉相连，让我真正内省自己身上，那些引以为豪的优点和屡教不改的缺点，来源于哪里。

与父母一起旅行，在他们晒各种照片给亲戚朋友们的得意劲儿中，我也感到深深的自豪感。做一个子女最大的功劳，不就是让父母引以为傲吗？

与父母一起旅行，也让我感受到赚钱的意义。要赚钱让自己爱的人尽情花，这不就是我赚钱最强大的动力吗？！（由此可以想到是应该多花点钱，暖手同学才有工作动力）。

嘟嘟也给我带来惊喜。

这次旅行当然不是为了他，我们家的处事原则一向都是，先考虑老人们，再考虑夫妻两人，最后再考虑孩子们。大约有不少家庭的顺序正好相反吧。

原因很简单，父母辛苦一辈子，是该享受了。孩子们来日方长，再说，享受对他们也不好啊。

所以这次旅行，首先，是为了让我爸旧地重游，访亲寻故。其次，是让没来过美国的我妈和我，开开眼。最后，那个嘟嘟完全是"附属品"，只是因为怕爸爸照顾不过来才带出来的，根本也没为他设计什么行程。

但是，嘟嘟，仍然带给我很多惊喜。

当然，他学会了时差的概念，知道了地球自转和围绕太阳公转的事儿；

当然，他看到了海豹、松鼠、海鸥，乘了直升机、有轨电车；

当然，他学会了简单的 Thanks，鼓起勇气和金发外国女孩搭讪；

但这不是旅行的全部意义。

我们在赌城住的酒店占地面积极大，结构蛮复杂的。有一次从不同的道路走回去，跨进大门时，我跟我爸还在嘀咕，这不会是另外一家酒店吧？毕竟，这里酒店那么多。这时候嘟嘟清楚地说："就是我们住的酒店，你们看，地毯的花纹是一样的。"

那个时候，我真是震惊。这除了细心观察之外，已经上升到严谨的逻辑层面了。这大概是在家里，很难学会的技能点吧。

还有一次，我太累在车上倒头就睡着了，迷糊中只听他提醒外公小声点，因为"妈妈要睡觉"，然后递给我 U 形枕让我靠，还轻轻在我耳边说："妈妈你放心睡吧，我看看风景就好了，你不用管我，我爱你哦。"

没有出门旅行，我大概也感受不到这种比情人还要甜蜜的亲密吧？

出门这几天，突然创造出来一个词儿叫作"肥腻中年"，我低头一看，上有老下有小、睡眠差、面容憔悴，产后还有十斤肥肉没有甩掉，这么看来，还真的挺是"肥腻中年女"的。

但这又能怎样？

我是一个孝敬父母的乖女儿，我是一个爱护小孩的好妈妈，我是一个有空出门看看的独立的我，我是一个能兼顾事业家庭的三个娃的妈妈，哪怕就算有中年肥腻感，那也是肥而不腻的明晃晃的黄金脂肪。

这大约就是我认为的旅行的意义吧。

# 5. 我所向往的爱情

　　就在周一，暖手同学在 12 小时之内，做了一个我们创业以来几乎最为艰难的决定，我没法细说那件事，但是我由衷钦佩他的勇气。

　　晚上我走去他的书房，抱着他的头，问他，没事吧？他说，没事，我们是教投资的，这个叫作"淹没成本"，继续抬头往前走就好了。

　　我抱了他一会儿，心想，也许，这就是我所向往的爱情吧。

　　电影《泰坦尼克号》上映的时候，我正当年少，大约是因为叛逆期，反感所有流行的东西，然后去隔壁厅看了另外一部电影。

　　我至今不知道那部片子的名字，也是爱情片。男主角是著名记者、著名电视主持人。女主角是个"傻白甜"，第一次主持是天气预告，穿了个鲜黄的雨衣站在大雨中，狼狈不堪。

　　职业初期，谁没有过那样的狼狈和沮丧呢？！

　　大约普通爱情片的男主角会安慰她，会带她去享用烛光晚餐，会告诉她，不怕，就算辞职有我养你。似乎记得那片子的男主角却跟她大谈职业素养，谈如何才能成为一个更具专业度的主持人。

　　不知为什么，那时我就觉得这才是我所向往的爱情。

　　有点不记得他们的感情轨迹，印象最深的是女主角成了红极一时的新闻女主播，男主角为了记者的崇高使命去了前线阵地，然后牺牲了。

那条消息是女主角播送的，她含着眼泪，用专业的精神播送了那条新闻。

我在电影院哭成泪人（即便20年之后的现在，仍然有流泪的冲动）。

刚工作的时候有一个女性同事，不算漂亮，但工作勤奋踏实，跟我关系很好。她很早结婚了，然后夫妻两人倾其所有付了一套小房子的首付。

然后，就，没——钱——了！

真的是没钱了，她那套房子里什么都没有，没有马桶，没有厨房，甚至连墙面都是裸露的砖头。他们自己找了垫子铺在地上当床，然后用电磁炉烧方便面吃。

然后她是快乐的、幸福的。

每个月快到发工资的时候，她就乐滋滋的跟我说，这个月发了工资，我们可以买个桌子了。

这个月，我们可以买桶油漆刷墙了。

这个月，我们可以买新的床垫了。

每次她讲这些的时候，感觉她心里的喜悦满得快要溢出来，整个人似乎都在闪闪发光。

我所向往的爱情，我们是两棵巍峨的大树，枝繁叶茂；

我们离得并不远，但也不会紧紧依偎；

我们的根深入地下，获得自己的养分和水源；

但也有一些根系相互缠绕，紧紧握着；

当你缺水的时候，我会在地下紧紧握着你，把我的水分给你喝；

我们的树枝上，各自停歇着喜欢我们的鸟儿；

树干旁，依偎着依赖我们的走兽；

我们有各自的视角，仰望外面的世界；

也会偶尔回首，相顾微笑。

大约，这个就是，我所向往的爱情！

我跟暖手同学结婚，起因是他总喜欢在吃大排面的时候，把大排藏到面下，吃完了面再吃，但每次都会被我咬掉一大口！

## 6. 男人要有男人样

前阵子跟一个公关公司的朋友聊天，听说他们在策划一个"男人要有男人样"的活动，我觉得挺有意思。两年前暖手同学写过一篇《有钱男人才有男人样》的文章，那似乎也是他心里的一部分男人样，今天就来说说我心里的男人样。

从大学的时候，我就经常被身边的朋友说成喜欢选择"丑男"，其实我欣赏的男生也并不是那么丑，只是自己条件也不算太差，因此身边朋友觉得我可以有更好的选择。可是外貌从来都不是我选择异性的标准，我的标准似乎没有大的改变，始终就是两点：聪明、有趣。外貌如何不重要，有没有钱也不重要，可是要是他能谈论一些我完全听不懂的东西那就是最棒啦。那个时候我觉得，聪明的男人才有男人样。

还好我找到了聪明和有趣兼有的暖手同学，虽然他从来不说甜言蜜语，举个例子：

我跟他在餐厅吃饭，看到旁边有个漂亮女生，我不服气地去推他，让他看（不知为什么，漂亮女生一般都是我先发现的），然后逼问他"她好看还是我好看"，他会眉毛也不抬地说"我最好看"，呃，他说的"我"是指他自己哦。

这种答案你说聪明也好，你说狡猾也好，总之，不是我期待的答案，是让人恨得牙痒痒的答案。通常我会气得大叫，说："你从来不说甜言蜜语！"

然后他就会抬起头，眨巴眨巴那双小眼睛说："甜言。"

我捧！

其实，不说甜言蜜语还蛮没有男人样的，我绝对要这样说！有男人样的男人都说甜言蜜语。但嫁都嫁了，就忍了吧。

但是吧，虽然他不会说那种传统意义上的甜言蜜语，但是有些话比甜言蜜语还管用。例如我在犹豫一件超贵的衣服的时候，他会说"好贵啊！……买吧"，这时候觉得他还挺男人的。

比如我生嘟嘟是剖腹产，第一天晚上要上洗手间，浑身无力，只能全部靠在他身上被他半抱着……呃，好像那个时候觉得他挺男人的。

比如嘟嘟还没满月，月嫂突然要回家过年，他晚上穿着睡衣顶着一头乱发抱着嘟嘟喂奶的时候……呃，虽然没有西装革履，但那个时候也觉得他挺男人的。

其实生活中并没有那么多惊天动地的大事件，男人也不必要像钢铁侠那样高帅挺拔还拯救世界。其实生活中那些小事情，当一个女性依赖男性的时候，就是觉得他最有男人样的时候。

当你默默看着他，会情不自禁微笑的时候，当你是爱他的时候，那就是你所属的男人最有男人样的时候。

我不知道你们心中，有男人样的男人是什么样的呢？是抽烟的时候还是他看书的时候？是耍帅的时候还是流露孩子气的时候？是睡着了的时候还是凝望你双眼的时候？

# 7. 幸福的定义

中秋节的前一天，早上月嫂做满 26 天离开了。晚上，嘟嘟和暖手同学从我公公婆婆那里搬回来了。

于是中秋节，我们全家团聚了。

当双胞胎一起大哭，嘟嘟放声大叫，我耳膜爆裂的时候，我终于理解到"我有三个孩子"这个事实。

不是一个，不是两个，是三个！

是分身乏术的懊恼；

是分贝超标的头疼；

是担心不均衡的焦虑；

是身处人群中的烦恼。

可是，却是幸福的。

当小棒冰睡在我身边喝奶，嘟嘟睡在她旁边，硬要拉住我的手；当我一只手抱住嘟嘟，另一只手去捏小雪糕脸上的肥肉；当小雪糕吃饱了整个身体吊在我身上；当嘟嘟喃喃地说"妈妈我好爱好爱你"；当我低头闻着小棒冰的奶香；当嘟嘟拿着机关枪冲到我身边，大叫"怪兽来了，妈妈你躲到我背后，我来保护你"的时候。

我是幸福的！

我是一个俗人，我所追求的幸福——

是吵吵闹闹，

是哭哭笑笑，

是人间烟火，

是红尘万丈！

# 8. 什么都不做，才是最重要的事儿

这个"梗"最早来源于我早年在咨询公司的时候，去马来西亚参加培训。老师讲四象限法则，即把所有的事情分成两个纬度，四个象限。重要不紧急、紧急不重要、重要且紧急和不重要也不紧急。然后老师让大家举例，前三个都很好说，紧急不重要的如接电话、回邮件等；重要不紧急的如制定战略、技能学习等；既重要又紧急的，有同事说"上厕所"，引起哄堂大笑。到了举例既不重要又不紧急的时候，大家卡壳了。

过了半晌，有人说"Do nothing"，大家正琢磨着。有一个黑人小哥站起来大声说："Do nothing is very important thing！"于是满堂喝彩。

虽然我早已与黑人小哥失去了联系，但这句名言我是牢记至今。我们生活在一个快节奏的时代，时间管理是显学，每个人都急着要提高工作效率、学习效率，乃至睡觉效率。提高效率之后多出来的时间呢？当然是继续工作、继续学习、继续睡觉。循环往复，永不停歇，恰如在圆环里拼命奔跑的仓鼠。

这个道理虽然明白，但在生孩子之前，我仍然是这群赶着"高效率人群"中的一员。我最讨厌无所事事的时间，例如在银行排队、乘坐地铁、上厕所……这些时间里，如不能看书、听音乐，简直感觉生无可恋。

但是在生孩子之后，我突然多了一项爱好。就是经常呆呆地看着他（她们），常常是在他（她们）折腾了一天之后，睡着的时候，本该是少有的属于自己的时间，最好打开一本小说，或者打开电视，弄一点零食或水果，彻底放松。可是我常常什么也不做，只是呆呆地看着孩子，不是几分钟的时间，而是长达一个小时。只是看着，他们光洁的皮肤，皮肤上细细的绒毛，被枕头挤压出来的满脸的肥肉，偶尔的嘟囔，甚至偶尔展露的微笑，都十分让人着迷。

什么也不做，大脑完全不活动，只是躺着或坐着，发呆。突然发现，这才是人生最重要、最美好的事情。

曾经有人问我为什么不喜欢一个蛮有名气的"网络红人"，我想了很久，回答："因为他的书单里，从来没有无用之书。"是的，他的书单里，都是知识学习、效率提高、自我激励的书。没有一本小说、没有一本 20 年前出版的书、没有一本只谈风花雪月的书。我无法喜欢这样的人。人生，大约并不需要那么有效率吧。

我想要过这种时光：自言自语，一个人看天，数白云一朵朵，以及大脑完全放空的发呆。

我也不介意带着三个宝宝，不讲故事、不玩游戏、不学数学、不说英语。什么都不做，安安静静，躺在草地上，闻着青草的香气，沐浴在阳光下，眯着眼睛，望着天空，什么都不做。

大约这才是人生中最重要的事儿吧！

# 9. 让生活更有幸福感的小技巧

找个办法让你开心开心！

经常收到各种留言，讲的大多数是不开心的事儿。可是，人生这么长，老是不开心总不是个事儿。

开始你的"小确幸日记"吧！

"小确幸"，最早是由专门翻译村上春树作品的林少华发明的一个词，意思是微小而确定的幸福与满足。它意味着生活中那些微小但是能让你非常快乐的小事情。

生活是一个长而又长的过程，不可能每天都充满各种巨大的惊喜。但是如果认真去挖掘，每天都会有让你开心的小事发生，把这些让你感动和开心的小事记录下来，你会感谢上天赐予你那么多幸福。

你看他！

有一个博客叫作"1000个美妙时刻"。

这个博客曾经当选为全球最受欢迎的博客。这位博主在开博客的时候，遭遇了人生很多不幸。他的妻子刚刚与他离婚，而他最好的朋友则陷入了抑郁症，最后选择自杀。

可是他并没有沮丧，他决定开一个博客来激励自己，取名就叫"1000个美妙时刻"。他记录了生活中让他快乐的很多瞬间，例如"在雨中散步""超市突然开了一个新的付费通道，结果排在最后一名的人迅速排到了第一位"等。当他记录这些的时候，他发现了越来越多的乐趣和快乐。

你看我！

感受幸福，有一个好办法就是坚持写"小确幸日记"，每天记下三件能让你觉得开心的事。

我坚持这个习惯已经好多年了。刚开始的时候真的很难，尤其是天气不好，工作不称心，身体又有微恙的时候，简直想向全世界发火，哪里还有"小确幸"可以记录。

但是慢慢地，我发现了生活中越来越多的乐趣，以下罗列一些"小确幸"：

午睡后起来，皮肤好滑啊，真开心！

早晨窗台上站了一只很肥的小鸟，盯着我看了半天，它头上有一簇红色的羽毛！

小棒冰学会一项新技能，举手。爸爸说，谁要跟我出门散步，举手，她就会高高举起手！

嘟嘟终于学会了嘟嘴巴！没有枉费我给他起名"嘟嘟"的良苦用心啊。再也不用求暖手同学嘟嘴巴了！

今天下了场大雨，省了洗车的费用啦！

别墅花园里居然有一棵杨梅树，居然结了杨梅，还蛮好吃的！

发烧了，终于有理由可以随便吃西瓜了，今天干掉一整个！

楼下的栀子花开了，每次经过，都觉得好香啊！

今天啃了小雪糕的屁股18下，太滑、太嫩了！能不能把她屁股上的皮肤移植到我脸上啊！

今天早餐吃了味增味的方便面，中午吃寿喜锅，怎么说呢，太完美了！

今天嘟嘟早上醒来对我说，妈妈，我怎么能这么爱你呢！

跟嘟嘟两人瞎编故事，我夸他说你太厉害了，怎么可以编的这么好。他淡然地说，你多看几本书，你也可以的。

来，讲一个你的"小确幸"。

你看，"小确幸"并不难，仔细找找，可不少。用一句耳熟能详的话说就是"生活中不是缺少美，而是缺少发现美的眼睛"。

每天都用心去找，记录下来。不开心的时候，翻出来看看，保证你能笑出声来。

来，讲一个你的"小确幸"，让大伙儿开心开心。

# 10. 如何做到永远不变老

最近刚刚生了二胎，许多小姐妹来家里看我。大家回忆青葱岁月的疯狂，再看看现在做什么都没多大劲，难免发出"时光不饶人"的唏嘘。

当时我问自己真的老了吗？突然想到生完嘟嘟不久后写的：

我正在变老，不是说眼角又多了几条皱纹，跑两步便气喘吁吁这些，而是——

越来越少的耐心。常常在别人没有说完话之前便已知道答案。

越来越多的规则。我应该这样，我应该那样，我不应该这样，我不应该那样。

越来越多的不屑。嘿，小子，这样做没用的，当初我亦试过，你一定会摔倒。

多年之前，有个比我年长的朋友跟我形容"人到中年"：人到中年就是熟悉套路，你出一个"白鹤亮翅"，我就回一个"黑虎掏心"，根本不用思考，多少次练习的就是这样，没有新鲜感，没有好奇心，根本连大脑回路也不需要，本能反应。

当我说出"社会就是这样的"时候，我已经老了。

可是我不想变老。最近重看《灌篮高手》，我记得高中时代我喜欢的是三井寿（我一直维持着喜欢配角人物的古怪秉性，而且我从来都不是外貌协会的）。可是如今因为我正在变老，所以我爱上樱木。因为樱木，是一个"新丁"，在他的心目中，没有"规则"这件事。别人抢球可以从左或从右突围，樱木可以从头顶跳过去或从胯下钻过去，因为啊，他是个"新丁"。

我又想起以前有个比我年轻的男孩子，当他逐渐长到他遇见我时的那个年龄，当他也渐渐变老的时候，他对我说："你要记得保持，保持你从前的样子，敏锐、好学、不安分、多情善感。"

是啊，我从前是个相当不安分的人，现在为什么渐渐安分了呢，大概是因为老了吧。

不想变老、不想变老，怎么办呢？我总结了几条秘籍。

### （1）不要相信"规则"这件事

兰迪教授说，墙之所以存在，是为了让你越过去的。我也要说，规则之所以存在，是为了让你打破的。当然，走路要看红绿灯，杀人要偿命，不在此列。

相信"螃蟹有毒不能吃"的人错过了美味；相信"网络不可能代替报纸"的媒体人尝到了苦果；相信"事业和家庭不能平衡"的人最终错过了平衡；相信"我已经老了的人"肯定变老。

### （2）做个"好奇宝宝"

昨天嘟嘟把一片纸吃了，我是有点纠结要不要阻止他的，不过我试图进入他的内心世界：嘿，我长到8个月了，能拿到手的东西大多坚硬啃不动（比如玩具、拖鞋、饼干盒、手机等），凡是能啃下来都能吃到肚子里（比如苹果、葡萄、玉米芯），今天突然发现一样东西，可以从大的上面分离出来（被撕了），放进嘴里嚼了嚼还变了形状（被口水打湿变成一团），放在手里玩了一会儿，还是决定吞到肚子里看看怎样。我不忍心打击他对世界的好奇心，所以眼睁睁地看着他把不小的纸片吞进了肚子里。

我曾经尝试过让自己变成一个外星人，好奇地看着地球上所有的物品。不过自从有了儿子，我觉得我可以理解他的疑虑，那么多没见过的好玩的东西，世界真美好啊！

当我有好奇心的时候，世界很大我很小；当我有好奇心的时候，世界很好玩，等我去发现。

### （3）永远不要说"太迟了"

对于少年来说，世界上没有"太迟"这件事，少年一直就在起跑线上，少年从来不认输。只有变老的人，才会觉得太晚了。哎哟，我现在恋爱是不是太晚了，我现在学这个技能是不是太晚了。从来没有"太晚了"这件事，如果你不想变老的话。想到什么，立即去做，即便明天就反悔，今天也算尝试过了。如果不尝试，那又怎么会知道你会后悔呢？！

把这三条贴在床头，每天起床时默念三遍，不需要几十万的羊胎素，我也能永远不变老。